# L'ARC-EN-CIEL DE VICTORINE

*De la Géologie aux facultés Psi*

Photos couverture : René PECHERAT
Autres photos : Archives de l'auteur



Dépôt légal : 3ème trimestre 1996
ISBN : 2-911876-00-8

**Nicole DHUIN**

# L'arc-en-Ciel de Victorine

## De la Géologie aux facultés Psi

Editions du 7
Mexico - 36110 Rouvres les Bois
Tél 02 54 35 77 67 - Fax 02 54 35 83 22
editionsdu7.com

à

Thierry
Pascale
Jean-Yves

afin qu'ils comprennent
la « folie » de leur mère.

*Les plus grandes bénédictions nous parviennent par la voie de la folie, pourvu que cette folie nous soit donnée par les dieux.*

SOCRATE.

## REMERCIEMENTS

Mon coeur est plein de reconnaissance pour tous ceux qui, à divers titres, m'ont aidée à l'élaboration de ce livre ou dans les moments parfois difficiles de ces dernières années.

Je pense tout particulièrement :

- à mes parents, René et Yvonne Dhuin
- au chaman maya, Hunbatz Men
- à mon fils, Jean-Yves Bavouzet,
  et à mon amie, Odette Montaigu
  qui, en m'accueillant chez eux
  m'ont permis de rédiger ce livre dans le calme
- à Claudine Berroyer qui m'a ouvert ce Chemin
- à François Richard pour son amical soutien

ainsi qu'à Dominique Arroyo, Solange Bachelier, Yves Boudrie, Fernande Bougarel, Rachel et Jean-Pierre Cartier, Michel Delfau, Jean-Loup Delloye, Yaguel Didier, Robert Laffont, Michel Lambert, Maguy Lebrun, Didier Le Marrec, Liliane Malaval, Solange Miranda, Sylvie Perchaud, Annette Théret et tous ceux, si nombreux, qui m'ont soutenue de leur amitié et de leur sympathie.

et à mes AMIS de l'AU-DELA et aux ANGES.

# INTRODUCTION

Ce livre est pour moi un réel Bonheur des schémas de compréhension je vous le prête et j'y tiens

Myriam Duchateau

*A mesure que notre compréhension se dévelop-pe, une série d'événements apparaît dans notre vie, que le hasard seul ne saurait expliquer.*

Reshad FEILD.

*« Je suis née le 8 mars 1938, à Versailles... »*

Combien de fois ai-je écrit cette phrase, dans mon adolescence ? Au calme, dans ma chambre, j'étais sensée étudier. En fait, je rêvais et je m'imaginais écrivant ma vie. Seulement, je n'allais jamais plus loin que ces quelques mots.

Je ne comprenais pas cette envie qui, presque chaque soir, revenait, lancinante. Seule, une vie hors du commun me semblait digne d'être racontée. Il me faudrait sans doute devenir quelque Madame Curie pour que ma vie vaille la peine d'être contée et je me savais, hélas, trop paresseuse pour arriver à un tel destin. De plus, les quinze ou seize années que je venais de vivre n'offraient pas un intérêt particulier.

Aujourd'hui, je n'ai pu résister à débuter ce récit par cette phrase qui hanta ma jeunesse, comme si, à l'époque, je savais déjà qu'un jour je serais amenée à écrire l'histoire de ma vie. Avant de commencer, j'ai attendu plusieurs années, trouvant chaque jour une bonne raison pour retarder l'échéance. Que c'était dur de prendre la décision de raconter ces événements qui, peu à peu, changèrent le cours de ma vie ! Comment relater ce lent cheminement qui se fit, jour après jour, avec son cortège d'épreuves, ses doutes, ses erreurs, ses chutes et ses rechutes. Mais aussi avec ses aides merveilleuses qui arrivèrent toujours comme pour m'ôter toutes craintes et toutes désespérances.

Et d'ailleurs, quel style et quelle forme utiliser ? L'emploi du « je » me semblait le mieux convenir mais n'était-ce pas faire montre d'orgueil ? Ce fut la lecture de «L'Homme se lève à l'Ouest», de Gilles Farcet, qui chassa mes scrupules. Ayant connu les mêmes, il écrit : *Je me méfie de plus en plus des essais, traités et autres ouvrages où le «je» est évité. Toute énonciation n'a de valeur qu'en tant qu'elle procède d'une expérience et s'incarne en un sujet vivant. C'est pourquoi je préfère Montaigne à tous les philosophes et donnerais tous les essais pour une autobiographie - à condition qu'elle s'intéresse au « je » dans son entreprise essentielle, celle du retour à soi-même.*

Bien que ne me prenant nullement pour Montaigne, il m'est impossible d'écrire ces pages contant une expérience qui est la mienne propre, autrement qu'en utilisant la première personne du singulier.

Les événements que je vais raconter sont tous réels. Je ne cherche à convaincre personne, chacun devant intégrer en soi-même sa propre vérité. Ceci est mon Chemin, celui qui m'a menée à plus de paix et de sérénité. Mon seul but, en écrivant ces lignes, est d'aider ceux qui cherchent. Puissent-ils, au travers de ces pages, trouver leur propre Chemin ! Car, ainsi que l'écrit Eileen Caddy dans «La Petite Voix» : *Ce qui est juste pour une âme peut ne pas l'être pour une autre.*

Pour une meilleure compréhension des événements qui démarrèrent en avril 1985, je serai d'abord obligée de raconter, le plus brièvement possible, ce que fut ma vie avant cette date, ce qu'était ma famille et quel était mon état d'esprit à cette époque.

Je naquis à Versailles, berceau de ma famille maternelle. Mon père, officier, partit à la guerre peu de mois après ma naissance. Ayant été fait prisonnier, je ne fis réellement sa connaissance qu'à son retour, soit à l'âge de sept ans. En 1942, le ravitaillement en région parisienne devenant de plus en plus problèmatique, ma mère m'emmena vivre dans un petit village de l'Yonne, La Ferté-Loupière. Nous y avons vécu jusqu'à la fin de la guerre, dans un presbytère mis à notre disposition par un prêtre, ami de mon père et prisonnier comme lui.

Nous avions très peu de famille et nous la fréquentions très rarement. Du côté maternel, j'avais des grands-parents auprès desquels nous étions restés, les premières années de la guerre. J'avais aussi une arrière-grand-mère qui devait décéder en 1943. Elle vivait dans une maison de retraite. Je crois que, à l'époque, on disait un asile de vieillards. Je revois encore cette longue salle grise, triste, malodorante, et mon aïeule assise dans son fauteuil, les mains complètement déformées par les rhumatismes. Maman l'appelait la grand-mère Chevallier.

Il n'y avait aucune relation avec la famille de mon grand-père. Je crus comprendre que la décision en incombait à ma grand-mère et, curieusement, ma mère semblait suivre le même chemin. Je ne me souviens pas avoir eu de contacts avec la famille de mon père avant son retour de captivité et les séjours que nous y faisions étaient non seulement rares mais de courte durée. Je ne comprenais pas les raisons de ces brouilles et rancoeurs que je jugeais vaines et inutiles.

Au retour de mon père commença une vie de déplacements incessants qui ne facilitaient pas les relations, tant familiales qu'amicales. A peine avions-nous eu le temps de lier quelques contacts que les valises étaient à nouveau bouclées. Ce fut successivement l'Allemagne, l'Algérie, le Maroc pour revenir en France lorsque je fus en âge d'entrer en faculté. J'avais alors déjà vécu dans une vingtaine de maisons différentes.

Cette vie eut au moins un avantage : celui de me permettre une adaptation rapide aux événements, aux lieux, et surtout aux autres. Une certaine façon, peut-être, de déjà travailler le non-attachement !

Dix-huit mois avant ma naissance, mes parents avaient eu une autre fille, Françoise, décédée à quatre mois, et Maman ne s'était jamais remise de cette disparition. Elle avait peur de tout, imaginant toujours les pires catastrophes et, surtout, ne supportant pas le moindre éloignement avec les seuls êtres qu'elle aimait, c'est-à-dire mon père et moi. J'utilisais une grande partie de mon énergie à déjouer sa surveillance et sa possessivité.

Je me souviens, avec ravissement, des rares instants où, profitant de l'absence d'un professeur, j'allais me promener dans les souks de Rabat ou dans les jardins des Oudaïa. Mon plaisir était cependant gâché par le fait de mentir et de voir découvertes ces innocentes escapades. Ma pauvre mère n'imaginait pas que l'on puisse avoir de vie en dehors d'elle. Elle voulait toujours tout savoir, tout décider, tout contrôler ; ne pas aller dans son sens signifiait, pour elle, ne pas l'aimer. Et mon père, sans doute pour avoir la paix, préférait ne pas intervenir.

Je découvris, plus tard, que les sentiments de ma mère à mon égard étaient assez ambigus. Elle m'aimait, à sa façon, c'est-à-dire possessive ; mais, quelque part, je l'avais beaucoup déçue. Durant sa grossesse, elle s'était imaginée retrouver ma soeur en ce nouveau bébé. D'ailleurs, elle avait pensé m'appeler Françoise Nicole, comme elle, et en me voyant elle ne put se résoudre à me donner ces prénoms et elle inversa en Nicole Françoise. Elle attendait un enfant brun et chétif, et elle se retrouvait avec, dans les bras, un gros poupon blond, aux yeux bleus et plein de vie. Elle sut immédiatement qu'elle aurait du mal à jouer longtemps à la poupée avec moi. Combien de fois l'ai-je entendue regretter la douceur et la gentillesse de ma soeur. En face d'elle, elle avait un enfant souvent en rebellion, qu'elle n'arrivait pas toujours à manoeuvrer selon ses désirs. Et pourtant, combien j'aurais aimé lui faire plaisir... mais elle n'était jamais contente, jamais satisfaite.

Je suis donc ce que l'on appelle un enfant de remplacement. Et comme l'écrit Dali - lui-même enfant de remplacement - dans son autobiographie : *J'ai appris à vivre en remplissant le vide de l'affection qu'on ne me portait pas vraiment.*

Ma scolarité fut souvent perturbée par nos nombreux déplacements. En général, les autres femmes d'officiers attendaient la fin de l'année scolaire pour suivre leur mari. Maman ne pouvait envisager de laisser Papa seul, ne serait-ce que quelques jours, ni même de me mettre en pension. Heureusement, j'étais allée à l'école très jeune, ce qui compensa les années d'Allemagne où je ne fus pratiquement pas scolarisée. En secondaire, j'arrêtais très souvent une classe en cours de premier trimestre pour ne la reprendre, ailleurs, qu'au troisième. Les grandes vacances étaient, en général, occupées par les cours de rattrapage. Cela n'influença pourtant pas mes études de façon négative puisque j'obtins mon baccalauréat à dix-sept ans.

Maintenant, je me rends compte que, intuitivement, j'utilisais, sans le savoir, certaines facultés parapsychologiques. Il m'est souvent arrivé, avant un contrôle ou un examen, d'ouvrir mes cours au hasard. Je lisais le chapitre correspondant et, souvent, la question posée se rapportait à ma lecture. De même, j'avais compris qu'il ne servait à rien de passer des heures à résoudre un problème mathématique. Il valait mieux lire attentivement l'énoncé, juste avant d'aller se coucher, et, le lendemain matin, au réveil, la démonstration et la solution s'imposaient très clairement.

En 1955, j'entrais dans le monde universitaire. Une première année en Pharmacie puis un certificat de Sciences Physiques, Chimiques et Naturelles qui devait, en principe, me permettre de choisir une voie. Ce ne fut pas mon cas car tout m'intéressait. L'année suivante, je suivis les cours de plusieurs matières pour, séduite par les qualités de pédagogue de l'un de mes professeurs, ne passer que les examens de géologie. C'est ainsi que je me retrouvai avec un diplôme de géologue.

Nous avions quitté le soleil d'Afrique pour les

monts d'Auvergne. Au bout de trois ans, mes parents partant vivre à Angoulême, je décidai de continuer mes études à Poitiers. Je venais d'essuyer ma première déception sentimentale et je voulais ainsi m'éloigner de celui qui ne m'aimait pas assez pour désirer passer sa vie avec moi. Et c'est en Poitou que je rencontrai celui qui allait être mon époux pendant vingt-trois ans et le père de mes trois enfants. Notre démarrage dans la vie conjugale fut très largement compromis par l'attitude de mes parents qui, avec raison mais beaucoup de maladresse, s'étaient opposés à notre mariage ; et celle de ma belle-mère qui me reprochait mon manque de dot. Seul, mon beau-père se montrait d'une grande compréhension.

Pourquoi m'être engagée dans cette union ? Pour me prouver que, une fois majeure, je pouvais m'affirmer contre l'autorité maternelle ? Ou parce que, confondant amour et compassion, je pensais pouvoir transformer ce garçon si mal dans sa peau en un être rayonnant de bonheur ? Ces deux motivations devaient sans doute intervenir : je ne savais pas encore que l'on ne peut trouver le bonheur qu'en soi, ni aider ceux qui ne le désirent pas vraiment.

Une première grossesse un peu perturbée par les turbulences familiales me fit abandonner le doctorat de Micropaléontologie que je venais juste de commencer. Un fils, puis une fille, enfin un dernier garçon. J'avais trop souffert de mon enfance de fille unique pour ne pas désirer une famille nombreuse.

Professionnellement, je bougeais aussi beaucoup. D'abord géologue puis professeur de

Sciences Naturelles, je créais bientôt une entreprise de décoration qui absorbait tout mon temps et mes pensées. Et les années passaient, ou plutôt s'envolaient, sans aucune possibilité de réflexion ni de compréhension de ce qui se passait en moi. Je gérais tout au plus pressé d'autant que notre vie était souvent perturbée par les nombreux accidents, plus ou moins graves, de notre plus jeune fils.

Je croyais avoir réussi. En fait, je ne vivais pas, je survivais à peine.

Ce ne fut qu'après le départ des deux aînés que je m'aperçus que la liberté que j'avais cru trouver en me mariant n'était en fait qu'une autre aliénation, d'autant que mon mari n'envisageait pas du tout la vie de la même façon que moi. Je me mis à réfléchir et, en quelques mois, il devint évident que j'étais en train de m'asphyxier et que, si je voulais survivre, il me fallait partir, fuir même. Et tandis que la raison s'évertuait à me dire que l'on ne quittait pas ainsi plus de vingt ans de sa vie, que j'avais promis d'être une bonne épouse «pour le meilleur et pour le pire», pour la première fois, j'entendais une petite voix qui, fort irrévérencieusement, me disait : *Fous le camp !*

Nous partîmes donc, mon plus jeune fils et moi - en octobre 1983 -, la veille de sa majorité. Nous quittions une immense maison que je venais de décorer avec soin, pour un F3, confortable, certes, mais où nous n'avions que le strict nécessaire. En même temps, il me fallait redémarrer sur le plan professionnel : mon mari, gérant de notre entreprise, m'ayant purement et simplement licenciée.

Ce licenciement fut un coup très dur à encaisser. Le divorce, ce n'était déjà pas facile, mais c'était ma décision. Je n'avais pas pensé une seconde que notre vie professionnelle était liée à notre vie affective. Ce renvoi me mit k.-o. mais je ne voulais surtout pas le montrer. Je trouvais un réconfort auprès de quelques amis et de mes enfants, essayant de ne pas trop montrer mes larmes à celui qui avait fait le choix de me suivre. Je m'appuyais beaucoup sur ma fille sans me rendre compte combien cette séparation la perturbait personnellement. Pour oublier, et m'étourdir, je fonçais, une fois de plus, dans une drogue que je connaissais bien : le travail !

En dix-huit mois, j'ouvris trois boutiques. Mes forces physiques et morales commençaient à diminuer. Je connus une autre désillusion sentimentale. J'étais prise de crises de larmes. Je ne pouvais pratiquement rien manger et je commençais à me rendre compte que j'étais tombée dans une autre galère. Quand, en avril 1985... Mais cela est une autre histoire !

Avant d'aller plus loin dans mon récit, il me semble nécessaire d'aborder mes relations avec la religion. Je suis née dans une famille catholique, très pratiquante du côté paternel - bigote, disait ma mère. Je fis donc une partie de ma scolarité en école religieuse.

Je l'ai déjà dit, pendant la guerre, nous avons vécu réfugiées dans un presbytère. Ce qui n'est certainement pas une expérience ordinaire. Nous vivions à l'ombre de l'église et, les week-ends, avec un prêtre qu'un handicap à la jambe avait empêché de partir au front. Professeur, la semaine, à la ville voisine, il venait assurer les offices dominicaux.

Toute jeune, je fus partagée entre mes désirs. J'aimais cette église, j'aimais y prier, y chanter, mais certains rituels déjà m'exaspéraient. J'avais six ans lorsque notre vieil ami prêtre me trouva assez mûre pour faire ma première communion. Mais l'idée de me confesser me révolta tellement qu'il ne réussit pas à me faire entrer dans le confessionnal. J'étais la dernière, ayant laissé passer devant moi tous mes petits camarades. Nous étions seuls maintenant, face à face, et je me sauvais en courant, sachant que son handicap l'empêcherait de me rattraper. Et c'est après le dîner que je reçus ma première absolution, assise sur les genoux du vieux prêtre qu n'avait pas trouvé d'autres moyens pour mater la rebelle.

Plus tard, en Algérie, je fréquentais un collège religieux. J'avais toujours les mêmes répulsions en ce qui concerne la confession. Je trouvais trop simple et trop facile qu'un seul signe de croix puisse ainsi nous laver de nos péchés, d'autant plus que ceux des enfants que nous étions me paraissaient bien véniels. Il me semblait que Dieu avait autre chose à faire qu'à comptabiliser nos petits mensonges ou nos petites gourmandises. J'y trouvais déjà une sorte d'injustice vis-à-vis de ceux qui ne pouvaient se confesser. Et Dieu ne pouvait être injuste.

Dans ce collège, il y avait obligation d'assister à une messe hebdomadaire. A la chapelle, nous devions nous installer suivant notre classe, c'est-à-dire les élèves de sixième devant et celles de terminale dans le fond. Très souvent, je m'évanouissais. Comme nul n'avait le droit de perturber la prière de ces chères soeurs, étant au premier rang, je restais étendue sur les dalles dont la fraîcheur m'aidait à revenir à moi. Comment Dieu pouvait-il empêcher de venir au secours d'une malade ? Où était la charité chrétienne ? Mes fréquents malaises finirent peut-être par donner mauvaise conscience à la Mère Supérieure, ou était-ce parce que je perturbais la communauté : je fus priée de ne plus assister aux offices.

Je m'évanouis aussi, le jour de ma confirmation, juste au moment d'avancer vers l'évêque. Le médecin attribuait mes malaises à la chaleur. Mais pourquoi n'arrivaient-ils que durant les cérémonies religieuses ? Personne ne semblait se poser la question et ce n'est que ces dernières années que j'en fis, moi-même, la relation. Je m'évanouis ensuite beaucoup pendant mon adolescence sans que les médecins ne trouvent de raison à ces malaises. A l'époque, on n'avait pas fait le rapprochement entre ceux-ci et un certain mal-être.

Puis, au Maroc, lors d'un office religieux, une pensée s'imposa à moi : *Qu'est-ce que tu fais là? Tout ce que tu entends ici est faux. Pourquoi, toi, que le hasard a fait naître dans une famille catholique, irais-tu au Ciel alors que tes petits amis juifs ou musulmans ne connaîtraient pas ce bonheur suprême?* Cette exclusion ne me semblait pas du tout digne d'un Dieu que l'on disait, et que je ressentais, tout Amour. Mon Dieu n'était pas un Dieu injuste et vengeur mais plein de bonté et de compassion : tel un vrai père. Il ne pouvait donc pas avoir ainsi condamné une partie de l'humanité.

J'en étais là de mes réflexions théologiques lorsque se produisit un phénomène que j'attribuais à ma trop grande imagination. J'avais pris l'habitude, lorsque j'étais avec mes parents, de fredonner à mi-voix. J'avais découvert que, ainsi, ma mère arrêtait de me poser des questions sur tout et rien. Pour elle, le silence devait être quelque chose d'effrayant, qu'il fallait meubler à tout prix. Ou, peut-être, cela la rassurait : elle savait que j'étais là. Par mon chant, j'entrais dans un état - que l'on qualifierait sans doute maintenant de sophronique - qui me permettait d'être présente tout en étant ailleurs. C'est ainsi que, sur un ciel bleu et pur, comme peut l'être celui d'Afrique, m'apparut, un jour, le visage du Christ, souriant, parmi des nuages blancs. Je n'en fus nullement troublée, ne croyant pas à la réalité de ma vision. Etait-ce de la pareidolie (vision dans les nuages) ? Je sais seulement que cette image est restée gravée en moi.

De toutes ces réflexions, de ces révoltes, je ne parlais à personne, persuadée que mon entourage ne me comprendrait pas. J'avais voulu m'en ouvrir à l'aumônier militaire mais je dus m'enfuir de son bureau, plus intéressé qu'il était par ce que cachait ma petite culotte que par mes états d'âme !

Je décidai donc de me taire. J'attendai d'être adulte pour mener ma vie à ma façon. Plus tard, je n'arrivai pas non plus à couper complètement les ponts avec la religion catholique. Je m'accusai de manquer de courage. En effet, mon entourage ne comprenait déjà pas toutes mes réactions. Si, en plus, il fallait brandir l'étendard de la révolte à ce sujet, cela était un peu trop. Il y avait déjà tellement de choses « qui se faisaient « et que je n'avais pas envie de faire, et vice-versa.

Au fond de moi, pourtant, j'étais croyante. C'était seulement la forme qui ne me convenait pas. Je m'étais, en quelque sorte, créé une religion personnelle. Pas un soir, je ne m'endormai sans adresser quelques mots à la Vierge et, chaque fois que mes enfants eurent de gros problèmes, je les lui confiai. Et je dois dire que j'ai toujours été exaucée.

J'avais besoin de sobriété. Les églises trop décorées me dérangeaient, et me dérangent toujours. Il me semblait que l'on trouvait Dieu beaucoup plus facilement dans la nature qu'au travers de toutes ces dorures. Et que tout cet argent aurait été mieux utilisé à secourir les malheureux. Les statues des Saints m'importunaient également. Pourquoi avoir besoin de ces intermédiaires ? Pour aller à Dieu, seuls Jésus et sa Mère trouvaient grâce à mes yeux.

Mais je dois dire que lorsque je quittai mon mari, je n'avais plus le temps, depuis longtemps, de me poser toutes ces questions métaphysiques. Une fois pour toutes, j'avais admis qu'il existait une Puissance Divine et que tout le reste n'était qu'artifice ajouté par les hommes.

Par ailleurs, je n'eus pour ainsi dire pas de contacts avec les phénomènes paranormaux. Mes parents ne s'y intéressaient pas. Ce ne fut que lorsque j'abordai ces sujets que ma mère m'avoua avoir consulté des voyantes. Mon univers s'est longtemps résumé à mes parents et à l'école. Lorsque je pus m'éloigner un peu d'eux, ce fut pour entrer dans le milieu scientifique universitaire.

Pourtant, en arrivant en Berry, autour des années 1960, j'aurais pu m'ouvrir à ces phénomènes. Quelque temps après notre mariage, je surpris mon mari, une baguette de coudrier en mains. Il avait vu travailler un sourcier et cette baguette, qui semblait donner de précieuses indications, l'avait intrigué. Devant mes railleries, il s'arrêta très vite.

J'entendais aussi parfois parler de guérisseurs mais mon attitude moqueuse ne favorisait pas les confidences à ce sujet. Je considérais tout cela avec une sorte de condescendance. Oui, pensais-je, « on n'était pas encore très évolué, en Berry : c'était bien la France profonde». En fait, comme beaucoup de scientifiques de l'époque, je niais tout en bloc, sans me rendre compte que c'était une attitude antiscientifique puisque celle-ci doit être, avant tout, faite de curiosité et d'observation.

Pendant la guerre, dans ce petit village de l'Yonne où nous étions réfugiées, je fus piquée à la jambe par une mouche charbonneuse. Ma jambe devint rapidement enflée, noire, d'un très vilain aspect. N'ayant ni médecin ni pharmacien sur place, une voisine conseilla à ma mère de me conduire chez la mère Lajambe, la sorcière du village. Je trouvais, avec l'humour de mes six ans, qu'elle avait un nom tout à fait prédestiné pour me soigner. Ce à quoi elle s'employa après avoir fait sortir ma mère. Elle appliqua sur ma jambe une sorte d'emplâtre et fit quelques passes en récitant des formules magiques. Puis elle conseilla de renouveler le pansement avec une décoction de feuilles de lierre terrestre. Ma jambe guérit très vite. Plus tard, lorsque j'y repensais, ma guérison me semblait due à ses seules connaissances phytopharmaceutiques.

De même, dans les années 76, j'eus une verrue plantaire. Ayant une frayeur panique à l'idée de me faire toucher le pied par un chirurgien et souffrant de plus en plus, je me décidai à suivre les conseils de la femme d'un médecin ami. Et c'est ainsi que je me retrouvai dans l'arrière-cuisine d'une brave dame qui, sans me toucher, faisait des cercles avec une allumette autour de la verrue en récitant des paroles incompréhensibles. Il me fallut revenir sept jours de suite (Tiens ! Déjà le chiffre 7...) La verrue disparut... pour revenir, par la suite, encore plus grosse. Et cela me conforta dans mon idée que les guérisseurs ne guérissaient que les bien-portants. ([1])

En ce qui concerne la voyance ou la prédiction du futur, j'étais encore plus sceptique, si cela était possible. Au début de notre mariage, mon mari et moi-même étions allés prendre un rafraîchissement dans un bar avec un de mes amis d'enfance. Celui-ci, habitué de l'endroit, demanda à la patronne de me tirer les cartes, ce que je pris comme un jeu. Et je me souviens seulement d'une phrase : *La mort d'un vieux monsieur va bouleverser votre vie...* Mes grands-pères étant décédés depuis longtemps,

([1]) Depuis, je l'ai fait disparaître moi-même.

je pensais à un vieux monsieur qui s'était pris d'affection pour moi durant la guerre. Assez riche, je me dis que s'il me léguait sa fortune, cela pourrait, en effet, changer le cours de ma vie. Et je n'y pensai plus. Le vieux monsieur mourut et je n'héritai pas d'un fifrelin ([2]) C'était, pour moi, la preuve que cette dame m'avait dit n'importe quoi. Qu'elles avaient donc de l'imagination, ces vendeuses d'espoir !

Cette rencontre ne m'avait donc nullement marquée puisque, durant les vingt ans qui suivirent, malgré des moments parfois difficiles, je n'eus jamais l'idée de recourir aux services de cette profession.

Je ne consultai qu'une fois une cartomancienne que voyait régulièrement une de mes amies. Celle-ci attendait vainement la réalisation de certaines prédictions. Je voulais donc lui prouver que cette personne n'avait d'autre pouvoir que celui de lui faire ouvrir son portefeuille. Cette expérience m'ancra encore plus fort dans mes convictions puisque, pour moi, cette dame voyait que tout allait pour le mieux dans le meilleur des mondes alors que j'étais sur le point de quitter mon mari et ma maison.

Quant au Spiritisme, je crois n'en avoir entendu parler qu'une fois, lorsque j'étais enfant, mes parents ayant une relation qui faisait «tourner»

---

([2]) J'ajouterai que mon beau-père décéda deux ans plus tard. Sa mort entraîna pour moi un grand bouleversement professionnel et même un changement de région. J'avais entendu l'adjectif « vieux « sans penser qu'il pouvait s'adresser à un homme de 56 ans. Mais tout est relatif. Il était vieux, par rapport à mes 20 ans.

les tables, et ils en parlaient comme d'une douce-dingue qu'il valait mieux ne pas contrarier. Cela me sembla, par la suite, une originalité de nos amis d'outre-Manche aussi curieuse et inoffensive que leur habitude de manger le fromage après les pâtisseries.

Bien qu'ayant vécu en Afrique, je n'étais pas mieux informée de la Sorcellerie ou de ce que l'on appelle la magie noire qui, bien que courante en ces pays, n'a rien à voir avec la couleur de peau des officiants. D'une part, le milieu militaire constituait un microcosme très fermé et, d'autre part, les mouvements anticolonialistes débutant, les milieux européens des grandes villes côtoyaient peu les populations locales. A cela il faut ajouter le peu de liberté que me laissait ma mère.

Ensuite je vécus et je vis encore en Berry. N'est-ce pas, par réputation, le pays des sorciers? Que n'a-t-on pas dit ou écrit sur le sujet? Même le livre de Pesnot et Alfonsi, «L'Oeil du Sorcier», n'arriva pas à me convaincre de la possibilité de telles pratiques. Pour moi, seul l'auto-envoûtement pouvait exister.

J'ai beaucoup insisté sur ce que fut mon passé pour faire comprendre trois points très importants pour la suite de mon histoire :

- Je n'ai pratiquement jamais eu de contacts avec ma famille, en dehors de mon père et de ma mère. Je ne connaissais pour ainsi dire rien de son histoire et n'en éprouvais d'ailleurs aucune curiosité.

- Je ne m'étais jamais intéressée aux phénomènes paranormaux.

- J'avais un désintéressement total pour les questions religieuses. Déçue par le catholicisme, je n'avais pas réalisé que l'Eglise n'était que ce qu'en avaient fait les hommes.

PREMIÈRE PARTIE

# L'ENQUÊTE

*Demandez et l'on vous donnera*
*Cherchez et vous trouverez*
*Frappez et l'on vous ouvrira.*
MATTHIEU (VII.7.8)

CHAPITRE 1

# LE 22 AVRIL 1985...

# OU LA VOYANCE

*Ne croyez pas*
*à ce que vous n'avez*
*pas expérimenté.*
BOUDDHA.

# LE 22 AVRIL 1985...

*On rencontre sa destinée*
*souvent par des chemins*
*que l'on prend pour l'éviter.*
LA FONTAINE.

Il y avait maintenant presque deux ans que j'étais seule. Le temps avait passé très vite car j'avais fait en sorte de ne pas avoir un instant de libre. En plus du travail, je sortais beaucoup. Je jouais aussi beaucoup au tennis mais ma santé commençait à décliner. Et pourtant je ne voulais pas m'avouer vaincue. J'avançais à force de volonté, refusant d'admettre que j'étais en pleine dépression. J'avais beaucoup pleuré, dans ma vie. Maintenant, je n'arrêtais plus. A tout moment, les larmes montaient et impossible de les contenir. Cependant, au fond de moi, restait toujours l'espoir. Un jour, les soucis et les peines s'écarteraient de mon chemin.

A l'époque, j'avais une jeune collaboratrice avec laquelle je sympathisais beaucoup. Lorsque je l'avais vue pour la première fois, j'avais su aussitôt que j'aimerais travailler avec elle. Quelques mois plus tard, une opportunité s'était présentée et elle était devenue responsable d'une de mes boutiques. Désolée de me voir en si piteux état, elle m'avoua avoir consulté une cartomancienne avant d'accepter le poste et cette dame lui aurait dit que *j'avais beaucoup de problèmes mais que je m'en sortirais.*

J'étais stupéfaite. Comment cette jeune femme, qui m'avait toujours parue intelligente et équilibrée, pouvait-elle croire à de pareilles sornettes ? Devant la floppée d'arguments négatifs que je lui assénais, ma collaboratrice refusa de continuer la discussion tant que je ne serais pas allée consulter un certain Monsieur Michel. Je n'avais donc plus qu'à m'exécuter, sûre, une fois encore, que j'allais pouvoir démontrer qu'il s'agissait de charlatanisme ou, dans le meilleur des cas, de psychologie.

Rendez-vous fut donc pris, sous le nom de jeune fille de ma mère. Je préparais au mieux ce que je considérais déjà comme une expérience, très décidée à ne pas dire un mot et, surtout, à bien surveiller mes jeux de physionomie. Par ailleurs, en me donnant le rendez-vous, ce monsieur m'avait conseillé de venir avec des photos. Je cherchais donc dans mes albums ce que je voulais être un piège. J'avais, quelques années auparavant, côtoyé le ministre Michel Jobert et j'avais des photos prises lors d'une de ses visites dans notre ville. L'une d'elles me sembla parfaitement convenir : Michel Jobert s'y trouvait, de dos, en buste et dans un groupe que rien ne permettait d'assimiler à un rassemblement politique. J'étais ravie de la farce. J'étais certaine que ce monsieur allait y voir une affaire sentimentale.

Le jour J -en l'occurrence le 22 avril 1985-, j'arrivais chez Monsieur Michel, très sûre de moi. Je m'étais habillée de façon très passe-partout et ne portais aucun bijou. Je fus d'abord très surprise de me trouver devant un jeune homme que rien n'aurait pu distinguer des autres jeunes de sa génération, si ce n'était sa très grande taille et son assurance. Il me fit entrer dans une petite pièce. Pour y accéder, il avait fallu traverser la salle de séjour. Assise dans le fond d'un grand canapé, une jeune femme m'avait dévisagée. Monsieur Michel m'ayant demandé de patienter quelques minutes, mon esprit se mit aussitôt à le soupçonner. Sans doute était-il allé consulter sa femme qui devait lui servir d'agent de renseignements. Ou peut-être lui faisait-elle part des réflexions que mon allure avait pu lui suggérer.

Pendant ce temps, j'eus loisir d'examiner la pièce. Il y avait peu de meubles. Juste une table et deux chaises de part et d'autre, un coffre rustique contenant beaucoup de plantes vertes, une cage avec des oiseaux, quelques gravures pieuses au mur. L'ensemble était agréable. J'avais à peine fini l'inventaire que Monsieur Michel était à nouveau là.

Souriant, sympathique, il s'installa en face de moi et déclara aussitôt : *Vous ne croyez pas à la voyance mais cela va bien changer.*

*Puis : Vous avez trois enfants ; deux sont éloignés de vous mais très proches par la pensée.* C'est exact : Pascale est à Paris et Jean-Yves en Corse.

*Pourquoi n'avoir jamais écrit le livre que vous avez commencé dans votre adolescence?* Oh! Mais qu'est-ce qu'il raconte ? Ni mes parents, ni mon ex-mari, personne n'est au courant de cette histoire de livre. Puis il poursuit : *Vous avez deux petits kystes au sein gauche. Il ne faut pas y toucher.* Je les ai depuis vingt ans. Ils sont totalement invisibles, juste palpables, et il me donne là l'avis de mon gynécologue. Et puis le voilà qui raconte les dernières années de ma vie. On croirait qu'il a vécu parmi nous. C'est vraiment extraordinaire, il semble tout connaître de moi et même de ma famille.

Dans un sursaut, je sors ma photo-piège. Et j'entends : *Ce monsieur est dans la politique. Il a été deux fois ministre. Il s'est laissé évincer car il est trop honnête. Par contre, je n'arrive pas à voir son nom.* Je n'en demandais pas tant.

Je ne sais trop comment je suis repartie. Je me souviens être restée quelques minutes avant de pouvoir démarrer ma voiture. Qui m'aura vue, cet après-midi du 22 avril 1985, assise au volant, sur un parking de la ZUP de Châteauroux, aura sans doute été loin de penser que je venais de faire une découverte qui allait changer le cours de ma vie. Dans ma tête, tout tournait, tout se bousculait. Je ne comprenais pas ce qui venait de se passer. Pourtant, j'étais sûre de n'avoir pas parlé. Allais-je être obligée d'admettre un phénomène que j'avais toujours nié ? Je dormis peu, cette nuit-là, et, au matin, je pris une feuille de papier et, rageusement, j'écrivis, de haut en bas et de plus en plus gros

COMPRENDRE
COMPRENDRE
COMPRENDRE
COMPRENDRE
COMPRENDRE

Il fallait absolument que je comprenne. Et c'est ainsi que je décidai de démarrer une enquête sur la voyance. Je venais, pour la première fois, d'être consciemment confrontée à un phénomène paranormal. J'étais certaine de deux choses : j'étais restée muette et il ne pouvait s'agir de transmission de pensée. Je ne comprenais pas mais puisque ce phénomène existait, j'allais l'étudier, et cela le plus scientifiquement possible. Dans mon extrême innocence, je n'imaginais même pas que d'autres aient pu le faire avant moi. Je décidai, sur-le-champ, d'une sorte de protocole de recherches :

1. Prendre des consultations de voyance où je servirais de cobaye
2. Assister à des consultations en tant que témoin
3. Interroger les voyants
4. Interroger les consultants.

J'achetai d'abord un magnétophone et je pris des rendez-vous chez presque toutes les personnes qui pratiquaient dans notre région. Je fus même amenée à me déplacer fort loin et il m'arriva de consulter quelques célébrités. Je m'aperçus très vite qu'il n'y avait pas de profil-type. Mes rencontres furent très variées. Chez les hommes, elles allèrent du jeune homme en blue-jean jusqu'à l'hyper raffiné chez lequel perçaient des tendances homosexuelles, en passant par un soi-disant marabout ou le «religieux» disparaissant presque derrière des statues de Vierge et de Saints en tous genres. Chez les femmes, je fus reçue aussi bien par la très distinguée Yaguel Didier, dans le bel appartement qu'elle occupait, à l'époque, à Chatou, que dans des HLM ou au fin fond de la campagne, par quelque grand-mère opérant dans sa cuisine tout en surveillant la cuisson du repas.

Mes finances ne me permettant pas de grandes folies, je ne me risquai guère à consulter certains grands noms au tarif exhorbitant. Les consultations furent de valeur très inégales mais je rencontrai, en majorité, des personnes honnêtes, persuadées qu'avoir un don c'est avoir une mission à remplir pour aider les autres.

Ce fut une période passionnante. J'accumulai les consultations et les enregistrements. Cependant, chez certaines vieilles cartomanciennes, j'abandonnais le magnétophone pour le bloc-notes. J'avais vite remarqué que ces femmes avaient peur de l'appareil. N'étant pas toujours en règle avec le percepteur, elles craignaient qu'un enregistrement soit une preuve, source d'ennuis. Par contre, les plus jeunes n'étaient pas effrayés et même, souvent, le conseillaient. Je ne saurais trop en recommander l'usage car on ne retient souvent d'une consultation que ce qui nous convient. Ce n'est parfois qu'après de nombreuses écoutes que l'on remarque un silence ou une intonation qui changent tout le sens de la phrase. Une seule de nos «célébrités» nationales refusa d'être enregistrée, prétextant que *les ondes de l'appareil contrarieraient les siennes* qui, apparemment, ne furent pas sur la même longueur que les miennes.

Je demandais toujours l'autorisation d'enregistrer, bien que mon appareil eut pu être caché dans mon sac. Une seule fois, allant à l'encontre de mes convictions d'honnêteté, j'essayai un enregistrement clandestin. Celui-ci fut de très courte durée, interrompu par le petit chien de la dame qui, fouinant dans mon sac, appuya sur le bouton d'arrêt. Aurait-il eu, lui aussi, quelques dons de voyance ?

Je parlais de ma découverte à tout le monde, ce qui me permit de constater que rares étaient les personnes qui n'avaient jamais consulté : de la midinette à l'homme d'affaires, de la mère de famille au politicien, en passant même par les médecins et les juristes. Je rencontrai, lors d'une réunion politique, un jeune et brillant avocat, professeur de faculté, qui ne cachait pas ses propres dons. Autrement dit, personne n'en parlait mais tout le monde en usait, ou presque.

Au cours de mes conversations, j'obtenais des titres d'ouvrages. Je commençai par lire des livres écrits par des voyants eux-mêmes mais ces autobiographies tournaient rapidement à l'autosatisfaction. Bien vite, je trouvai des ouvrages plus intéressants, en particulier ceux écrits en URSS ou aux USA, dans lesquels des savants prenaient les choses plus au sérieux qu'en France, tels, par exemple, «Nouvelles Recherches sur les phénomènes psi» et «Les Fantastiques Facultés du cerveau», de Sheila Ostrander et Lynn Schroeder.

# LA VOYANCE

*La voyance est un don*
*L'interprétation est un art*
*Et la consultation, un acte d'amour.*
YAGUEL DIDIER.

A notre époque, avec le chômage et les difficultés de la vie, nous ne pouvons ouvrir le moindre journal ou magazine sans être interpellés par les publicités de tel ou tel «voyant» ou tel cabinet de parapsychologie. Chacun y va de titres plus ou moins ronflants : «professeur, astro-médium, voyante-médium internationale, diplômé de l'institut Machin-Truc-Chouette». Tous promettent monts et merveilles : retour d'affection, chance aux jeux, réussite en tout genre...

Durant mon enquête, j'ai répondu à plusieurs annonces proposant des «voyances gratuites». Je me suis rendu compte que les réponses sont suffisamment longues et banales pour que l'on puisse s'y reconnaître, et assez vagues pour donner envie d'en savoir plus car l'on vous propose toujours de recevoir ensuite une étude plus approfondie, moyennant finances. Il existe, à l'heure actuelle, des réseaux spécialisés. Lors d'un salon Parapsy, une «voyante» proposait une voiture en loterie gratuite. Curieuse, je mis mon bulletin dans l'urne mais avec deux fautes d'orthographe, l'une à mon prénom, l'autre à mon adresse. Et c'est ainsi que, pendant deux ans, j'ai reçu des lettres de «voyants» adressées à Dhuin Icole, demeurant rue Schwols et non rue Schwob. Outre leurs «dons extraordinaires», ils commercialisaient «la bourse de la fortune» remplie de minerai d'or, spécialement magnétisé à mon intention et ayant le pouvoir d'attirer vers moi l'or et la richesse ; ou encore le «collier magique aux sept fils d'or» tressé spécialement pour éloigner les ondes nocives et attirer, lui aussi, la fortune ; sans parler du «chapelet miraculeux». Et j'en passe, et des meilleures.

Mais comment ne pas oublier cette «voyante» qui, très gentiment, s'excusait du retard mis à me répondre : elle venait de déménager et de s'établir dans les Alpes, là où elle avait découvert un gisement... de trèfles à quatre feuilles qu'elle commercialisait au prix de 70 F le trèfle, en 1986.

J'ai noté entre guillemets les mots voyants et voyance car ce n'est pas de cette voyance-là dont je voudrais parler. Mais de celle dont Yaguel Didier dit : *C'est quelque chose de très subtil...* Au fil de mes rencontres, j'ai acquis une certaine expérience et je voudrais vous aider à vous y reconnaître. Je ne cherche nullement à concurrencer des études très bien faites sur la question et le lecteur pourra, s'il le désire, se reporter à des ouvrages comme «La Médiumnité» de Jakie Landreau-Valabrègue, «Un voyant dans la ville», étude sociologique dirigée par François Laplantine sur le voyant lyonnais Georges de Bellerive, «Yaguel Didier ou la mémoire du futur» de Gérard Gassiot-Talabot, ou «Les Mystères de la voyance» de Marc Galieu.

D'abord, qui aller consulter ? Comment reconnaître le voyant valable ? Avant tout, il faut se renseigner. Le bouche à oreille a toujours été la meilleure des publicités et, en général, les très bons voyants n'en font pas dans les journaux. Si deux ou trois de vos amis ou collègues sont satisfaits, il y a des chances pour que vous le soyiez aussi. Il y a aussi les librairies ésotériques qui peuvent parfois vous donner de bonnes adresses. Et puis n'hésitez pas à demander des renseignements lorsque vous prenez votre rendez-vous : durée de la consultation, tarifs... Méfiez-vous des prix qui varient suivant le nombre de questions posées ! Rendez-vous compte aussi, si le praticien essaie de vous faire parler. Attention également aux soi-disant «marabouts» : les vrais ont suffisamment de travail chez eux sans venir porter secours aux pauvres occidentaux que nous sommes.

A ce sujet, je ne résiste pas à l'envie de raconter l'histoire arrivée à une jeune femme qui s'était ainsi laissée séduire par les dons venus d'Afrique. Amoureuse malheureuse, un jour de déprime, elle prit rendez-vous chez Maître D., spécialiste des problèmes de coeur. *Il est parti, il te revient*, disait la publicité. Après la consultation, il lui fut proposé une potion magique. Le marabout ne pouvait la confectionner que la nuit suivante, à cause de la lune qui, chacun le sait, est indispensable lors de la préparation de toute potion magique, et surtout, il fallait que la cliente aille chercher de l'argent liquide (800 F en 1986). Cette potion passée sur le corps avait la propriété de faire revenir l'amoureux égaré. Le lendemain, le Maître, tout ému des malheurs de sa cliente, lui proposa - et ce exceptionnellement, tout à fait gratuitement - de lui passer lui-même la dite potion sur le corps car le fluide de ses mains, magiques elles aussi, ne pouvait qu'en accélérer l'effet. Notre héroïne fut - paraît-il - très surprise, une fois le massage en train, de se voir demander si elle préférait *faire l'amour avec le doigt ou avec le sexe... car il fallait que la potion magique pénètre partout, partout...* L'histoire ne dit pas ce qu'elle a choisi.

La durée de la consultation a peu d'importance. Le seul intérêt d'une consultation longue réside dans l'aspect psychothérapeutique qu'elle peut apporter. Une consultation d'une demi-heure peut être excellente et complète si voyant et consultant sont en harmonie et si le consultant n'intervient pas sans arrêt. Il n'est jamais bon d'interrompre car cela amène une déconcentration du voyant. Si vous n'êtes pas d'accord, contrôlez-vous et dites-le à la fin. D'ailleurs, un voyant expérimenté s'arrange toujours pour savoir s'il est bien en harmonie avec vous. S'il vous situe correctement dans votre passé et dans votre présent, vous pouvez le laisser aborder l'avenir.

La relation voyant-consultant est primordiale. Yaguel Didier dit : *Notre talent, c'est l'autre. Nous sommes efficaces en fonction de ce qu'il est porteur.* Pour qu'il y ait consultation valable, il faut, en somme, que le voyant ressente les vibrations du consultant, qu'il se mette sur la même longueur d'ondes que lui. Autrement dit : le courant passe ou ne passe pas. C'est pourquoi je trouve très difficile de répertorier les voyants dans des sortes de guides avec attribution d'étoiles, comme dans le Michelin.

La voyance ne peut être demandée vingt-quatre heures sur vingt-quatre. François Laplantine écrit : *La clairvoyance est une faculté instable, intermittente et d'une intensité variable.* Un voyant pourra faire une prestation remarquable à votre meilleure amie et ne rien voir pour vous. Soit vous ne vibrez pas sur la même longueur d'ondes, soit il ne lui est pas permis de vous délivrer de message et il vous demandera alors de revenir ultérieurement ou d'aller voir un de ses collègues.

Votre état intérieur intervient pour beaucoup. Si vous êtes stressé, bouleversé par une émotion ou en proie aux idées les plus noires, il y a de grandes chances pour que la consultation soit difficile. Si le voyant ne vous demande pas de remettre la prestation à un autre jour, il va d'abord vous aider à vous détendre par quelques paroles bien choisies. Beaucoup, actuellement, conseillent la lecture d'ouvrages de pensée positive, tels ceux du docteur Murphy ou de Florence Scovel Shinn.

Un point très important est la notion de temps. Pour les voyants, passé, présent et futur sont mélangés. Avec l'expérience, ceux-ci arrivent à s'y reconnaître. Mais c'est parfois au consultant de raccorder le fil et je ne répéterai jamais assez une recommandation essentielle : faire toujours fonctionner son discernement. Un exemple personnel : il m'est annoncé que mon plus jeune fils va avoir un très grave accident et décrit des blessures à la tête, à la hanche, à la jambe et le coma. Je reconnais tout de suite l'accident qu'il a eu en 1975 et signale qu'il s'agit du passé. Ce monsieur ne voulut pas en démordre. Pour lui, mon fils allait revivre le même accident. Heureusement, mon optimisme et surtout mon raisonnement me permirent de ne pas attacher d'importance à cette prédiction: statistiquement, il est extrêmement rare qu'un individu se retrouve dans la même situation d'accident et surtout que les blessures soient semblables.

Un voyant honnête - ou expérimenté - ne vous donnera des dates précises que de façon exceptionnelle. Dans une même consultation, il peut vous décrire des événements qui arriveront très vite et d'autres qui appartiennent à un futur plus lointain. Il m'est arrivé de recevoir, le soir, un appel téléphonique m'annonçant ce qui m'avait été prédit le matin même. Par contre, certaines prédictions se réalisèrent deux, quatre, voire six ans plus tard, et certaines ne sont pas encore réalisées... et peut-être ne se réaliseront-elles jamais, la voyance ayant pu révéler une éventualité. Mais ma propre mère - qui avait consulté sans s'en vanter - vit la réalisation d'une prédiction après vingt-trois ans d'attente !

Souvent, la période est indiquée par des sortes de tableaux. Par exemple, si le voyant reçoit des visions de jonquilles, d'arbres en fleurs, il pourra dire que l'événement aura lieu au printemps. S'il voit de la neige, il parlera d'hiver. Mais rien ne prouve qu'il s'agisse du printemps ou de l'hiver prochains.

Parfois, le temps et les événements semblent jouer avec nous. Pour me faire comprendre, je vous raconterai encore une petite anecdote personnelle. Lors d'un repas, un ami voyant m'annonçait que l'un de mes magasins allait être cambriolé. Il avait dit : *La porte est ouverte et le magasin est vide.* Le lendemain, j'apprends que, dans la nuit, le magasin contigu au mien a été visité. Les voleurs sont passés par la porte de l'arrière-boutique mais, sans doute dérangés, ils n'ont pas tout emporté. Faisant presque fi du malheur de ma voisine, je me réjouis de l'erreur commise. Mais, deux ans plus tard, un matin, une amie me prévint que j'avais été cambriolée à mon tour, en disant : *La porte est ouverte... Le magasin est vide...* Et là, tout le stock s'était envolé.

En cas de problèmes graves, il est bon de consulter au moins deux personnes différentes pour voir si elles ont la même vision des choses. Une fois rassuré, il faut attendre, avec confiance et sans aucun sentiment de doute. La voyance est là pour nous aider à reprendre confiance en nos potentialités. Consulter trop souvent devient, par contre, comme une sorte de drogue. La voyance, comme tout, est une excellente chose si elle est consommée avec modération. Lorsque les événements ne sont pas arrivés, il ne sert à rien d'aller consulter toutes les semaines, sauf que cela remonte le moral. Et c'est sans doute meilleur que de prendre des tranquillisants. Certains voyants, désirant que leurs clients ne deviennent pas trop dépendants, refusent de les revoir dans des laps de temps trop rapprochés.

La voyance peut empêcher de faire certaines erreurs et permet de vivre certains événements difficiles avec plus de philosophie. Par exemple, si l'on vous prédit un cambriolage, cela peut vous inciter à vérifier vos polices d'assurances. Cela n'évitera pas le vol mais pourra en minimiser les conséquences. Et puis, prévenu, lorsque cela arrive, le choc est moins difficile à surmonter.

Enfin, surtout, il faut admettre que le voyant, comme tout être humain, a le droit à l'erreur. Le voyant, plus que tout autre, est susceptible de se tromper. Il y a mille raisons à cela. Nous ne redirons jamais assez que nous avons affaire à un phénomène subtil.

L'état d' «évolution» du voyant est aussi très important. Celui-ci perçoit les choses au travers de ses propres filtres. Le caractère du voyant va faire surface lors de la consultation. Et c'est là encore que notre discernement doit intervenir. Ainsi, une voyante méfiante, ayant toujours peur d'être volée, aura beaucoup de visions de vols et de cambriolages pouvant d'ailleurs se révéler exacts. C'est comme si, en fonction de son état d'esprit, il lui était plus facile de capter les événements qui lui correspondent. Si le voyant est optimiste, vous repartirez réconforté, même si l'avenir ne s'annonce pas tout rose. Georges de Bellerive insiste sur la responsabilité du praticien. Il y a toujours une façon d'annoncer les choses pour ne pas déstabiliser le consultant qui, déjà, dans la plupart des cas, est plus ou moins mal dans sa peau. Je me souviens de Yaguel Didier m'annonçant un mauvais passage dans ma vie future. Comme je protestais, car je sortais à peine d'une période difficile, elle me dit aussitôt : *Oh ! Oui, Madame, j'espère que c'est le passé. Il me semble que c'est l'avenir mais c'est peut-être vous qui avez raison, et je le sou-*

*haite. Pourtant, il me semble que c'est l'avenir mais je peux me tromper...* Je suis partie rassérénée mais l'avenir montra qu'elle avait raison.

Mais que dire de ces personnes qui «prédisent l'avenir» sans même connaître le symbolisme des cartes, et n'hésitent pas à annoncer la mort du conjoint. Toutes les femmes ne souhaitent pas le décès de leur mari et j'en connais qui se sont retrouvées encore plus déstabilisées. Sachez que lorsque vous tirez l'arcane XIII représentant la mort avec sa faucille, cela indique une renaissance, un changement d'état.

Fuyez surtout ceux qui vous promettent monts et merveilles dans les rapprochements de couple. Il y a là un commerce très rentable. Combien de personnes abandonnées croient que le «pouvoir» du voyant va leur permettre de retrouver l'objet de leurs rêves et y laissent les fortunes qu'elles n'ont pas.

N'oubliez pas que la voyance est un outil merveilleux, mais elle est là aussi pour faire travailler notre discernement. Et sachez, comme le disait Maud Kristen, lors d'une émission de télévision : *On a le voyant que l'on mérite.* Ce à quoi j'ajouterai : Les voyants ont également les consultants qu'ils méritent.

Je terminerai ce chapitre en rappelant une phrase de Georges de Bellerive : *Ma voyance, c'est mon amour, mon intérêt pour les gens.* Si votre coeur est plein d'amour, vous rencontrerez le voyant ou la voyante que vous méritez.

CHAPITRE 2

# VICTORINE
# AUGUSTE
# FRANÇOISE
# ET LES AUTRES...

# OU LA VIE APRES LA VIE

*Il n'y a rien de nouveau.*
*Ce qui vous paraît nouveau,*
*c'est ce qui entre dans le champ de votre vision,*
*au fur et à mesure de votre développement.*
Alice MORLEY.

VICTORINE

# VICTORINE

Mais revenons à mon histoire.

Je débutais à peine mon enquête lorsque je fis la connaissance d'une jeune voyante qui m'avait d'ailleurs été recommandée par Monsieur Michel. Elle me permit de rester très souvent à ses côtés et même d'assister à certaines de ses consultations lorsque les consultants étaient d'accord. Elle tenait un discours qui me paraissait étrange, disant être guidée par sa grand-mère défunte, et que moi aussi j'étais guidée. Mais l'entendant dire à presque tous ses consultants, j'en concluai à une bizarrerie supplémentaire de cette jeune femme, par ailleurs assez originale.

Je pensais que les défunts avaient sans doute mieux à faire que de s'occuper de nous. Dans mon enfance, on m'avait bien parlé de mon Ange Gardien mais j'y avais laissé une valeur très puérile, très irréelle même, un peu comme les contes de fées. Je n'arrivais pas à remplacer les figures des chérubins joufflus vus dans les livres pieux par les faces ridées de nos aïeuls, et je n'avais pas tort car, nous verrons plus loin, qu'il ne faut pas confondre les personnes trépassées qui nous aident avec nos propres Anges Gardiens.

Dire comment j'arrivais, un après-midi de janvier 1986, en consultation dans un petit village, au nord de Paris, n'apporterait rien à ce récit. L'adresse de Madame M. m'avait été donnée dans des circonstances que j'attribuais encore au hasard. Elle ne m'avait rien dévoilé d'intéressant et je regrettais presque le temps perdu et les kilomètres parcourus lorsque, soudain, elle changea de ton : *Je vois une femme, près de vous. Elle a un prénom en «ine» comme Eveline, comme Adeline, il y a «ine». Elle est de votre famille. Elle vous ressemble énormément. Elle est décédée il y a longtemps. Je ne sais pas si vous l'avez vraiment connue. On me donne mal son prénom. Si, vous l'avez connue, mais vous étiez toute petite...*

Cette dame parlait donc aussi d'une personne de ma famille, décédée, qui semblait s'intéresser à moi. Etait-ce le guide dont m'avait parlé la première ? Ou était-ce une manie de cartomancienne ? Je penchais encore pour cette deuxième solution. Par contre, je pensais que Madame M. avait en quelque sorte amélioré la technique en parlant de prénom en «ine». Beaucoup de prénoms féminins se terminant en «ine», il y avait de fortes probabilités de trouver, dans toute famille, une aïeule portant un prénom avec cette terminaison.

On le voit, j'étais toujours aussi sceptique. Et je pensais que la brave Madame M. n'avait pas eu de chance avec moi puisqu'à ma connaissance, il n'y avait, dans ma famille, aucune personne vivante ou décédée portant un prénom terminé par «ine».

Cependant, ma fille me fit remarquer que la grand-mère de son père s'appelait Albertine. Cette dernière était décédée deux ans après notre mariage. Je l'avais donc très peu connue et, oubliant trois précisions importantes de Madame M. (Elle est de votre famille. Elle vous ressemble beaucoup. Vous étiez toute petite), j'ironisais, disant qu'Albertine voulait sans doute me remercier d'avoir rangé sa maison après son décès. Je n'étais pas encore convaincue d'une vie dans l'Au-Delà.

Madame M. m'avait conseillée d'aller à Paris, dans une salle «psi», située rue des Gâtines, où il était possible de rencontrer d'autres médiums. Mais les conversations avec les défunts ne m'intéressaient pas vraiment, persuadée que ces rencontres ne pouvaient attirer que des personnes en mal d'affection. J'imaginais qu'une mère, ayant perdu un enfant, dans sa grande douleur, pouvait essayer de le retrouver de cette manière-là, et je soupçonnais les médiums de profiter du chagrin des autres.

Pourtant, en avril 1986, une autre voyante parisienne m'annonçait : *Il y a un prénom en «ine» autour de vous.* Cette rencontre avait été si peu intéressante que je n'y avais attaché aucune importance et ce n'est qu'au moment de classer mes notes et enregistrements pour écrire ce livre que je redécouvris cette phrase.

En juin 1986, j'errais dans les allées de Parapsy, salon de la voyance qui se tient régulièrement au parc des expositions de la Porte de Versailles, à Paris. Çà et là, j'interrogeais, j'observais surtout et il me semblait que ce n'était pas dans ce genre de manifestation que je pouvais croiser de véritables sensitifs. C'était vraiment la grande foire. J'imaginais très bien les sentiments d'ironie et de scepticisme qui pouvaient animer les visiteurs n'ayant pas, par ailleurs, abordé ces phénomènes.

Je m'approchais cependant d'un homme,

jeune, lisant un livre du Docteur Murphy. Tout, chez lui, le différenciait de ses confrères : la sobriété du stand, le calme, la sérénité. J'eus envie de lui poser quelques questions. M'asseyant en face de lui, je lui expliquai que je faisais une enquête sur la voyance. Accepterait-il de bavarder quelques instants avec moi ? Devant son mutisme, je le priai de m'excuser de l'avoir ainsi dérangé dans sa lecture et, comme je me levais, il se mit à parler : *Non, rasseyez-vous ! Je suis en communication avec la personne qui vous guide. C'est une femme qui a un prénom en «ine». Elle me dit que vous n'avez pas cherché du bon côté. Elle est du côté maternel. Elle dit que vous devez témoigner. Il y a une autre vie. Votre livre, vous le ferez. Et vous ferez également des émissions de radio et de télévision.*

Poussée par je ne sais quelle force, je m'enfuis presque. En fait, je commençais à me dire qu'il fallait prendre cette histoire de guide beaucoup plus au sérieux que je ne l'avais fait jusqu'à maintenant. Mais je rentrai chez moi, assez perplexe car je ne connaissais, dans ma famille, aucune personne défunte portant un prénom en «ine». A vrai dire, je n'avais pas cherché plus loin que la génération de mes grands-parents.

Depuis quelques mois, je m'étais plongée dans la lecture d'Allan Kardec et de différents auteurs parlant de l'Après-Vie (H. Renard, P. Misraki, Ritchie, Moody...) mais n'ayant jamais eu de penchant pour les expériences paranormales, il ne m'était pas venu à l'idée de chercher à communiquer avec l'Au-Delà. J'essayais encore de trouver des causes, les plus rationnelles possible, à ce que j'avais du mal à admettre comme parvenant d'un autre monde. Ne s'agissait-il pas maintenant de lecture dans mon Inconscient ? Madame M. m'ayant une première fois parlé d'un prénom en «ine», ce suffixe n'était-il pas maintenant gravé en moi et puisé par les autres voyants, par une sorte de télépathie ?

Pourtant, j'avais un peu l'impression d'un jeu de piste puisque, à chaque fois, j'avais des indications un peu plus précises. Maintenant, je venais d'apprendre qu'il s'agissait d'une personne du côté maternel. Il me fallait donc enquêter du côté de ma mère et lui raconter cette histoire farfelue. J'eus la surprise de l'entendre s'écrier: *Mais ton arrière-grand-mère s'appelait Victorine!*

Victorine... Victorine...

Ainsi, celle qui n'avait été, pour moi, jusqu'à présent, que «la grand-mère Chevallier» s'appelait Victorine et voulait communiquer avec moi. Je ne l'avais jamais entendue appeler par son prénom. Je l'ai déjà dit, mon arrière-grand-mère est décédée lorsque j'avais quatre ans et je ne l'ai vue que trois ou quatre fois. Madame M. avait d'ailleurs précisé : *Je ne sais pas si vous l'avez vraiment connue. Vous étiez toute petite.* Je ne savais rien d'elle, en dehors du fait qu'elle avait été mariée à un marchand de charbon. Ils avaient eu deux filles dont ma grand-mère maternelle. Je n'ai même jamais rencontré ma grand-tante ni ses descendants. Maman ne semblait pas vouloir donner beaucoup de détails et je n'insistai pas, sentant revenir à la surface ces rancoeurs que je voulais tant ignorer. D'ailleurs, me dit-elle : *Je ne comprends pas pourquoi elle s'occuperait de toi maintenant, ne l'ayant pas fait de son vivant. Il n'y avait que ses chiens qui l'intéressaient.*

Sur ces entrefaites, Monsieur Michel, qui avait quitté notre ville peu de temps après notre première rencontre, revint dans la région. Nous étions restés en relation et il me disait *pouvoir entrer en conversation avec les défunts comme s'il avait un téléphone.* Pour cela, il avait seulement besoin d'une photo - ou d'un objet ayant appartenu à la personne décédée - qu'il tâtait dans ses mains comme je l'ai vu faire avec la photo de Michel Jobert. Bien entendu, je me gardai bien de lui parler de Victorine. Il organisait des réunions publiques. J'y allai pensant que cela devait ressembler aux séances de la rue des Gâtines recommandées par Madame M.

Il y avait beaucoup de monde à ces réunions. On y rencontrait d'abord les habitués qui espéraient ardemment recevoir des messages de leurs défunts ; puis les curieux et les sceptiques, bien décidés à trouver la supercherie. Je faisais encore partie, plus ou moins, de ceux-là. Je commençais à admettre qu'il y avait des contacts possibles avec l'Au-Delà mais je voulais aussi être sûre qu'il n'y entrait aucune tricherie.

Les séances commençaient toujours par le même cérémonial. L'assistance déposait des photos sur la grande table derrière laquelle s'asseyait le médium. Il était conseillé d'avoir des photos où défunts et vivants ne se côtoyaient pas. Il y avait, durant ces séances, une sorte de recueillement. Monsieur Michel demandait le silence le plus absolu. Les personnes qui recevaient des messages montraient, en général, une vive émotion. Certaines pleuraient. La plupart se levaient en reconnaissant la photo qu'elles avaient déposée, comme si, rester assis, avait été un manque de respect envers le défunt qui leur faisait le grand honneur de venir leur parler et les conseiller.

Je n'avais qu'une seule idée en tête : tout ceci était-il bien réel ? Pouvait-il y avoir une connivence quelconque entre Monsieur Michel et l'assistance ? Durant les pauses, j'interrogeais ceux qui avaient eu des messages. Ils semblaient tous de bonne foi et, surtout, étaient très émus. J'allai donc à ces séances, l'oeil et l'oreille en alerte.

C'est ainsi que nous arrivâmes au 15 novembre 1986. Je commençais à devenir une habituée de ces séances mensuelles. Je prenais aussi des notes car mon magnétophone était trop faible pour enregistrer dans une aussi grande salle. Plus tard, je m'installerai systématiquement au premier rang, ce qui me permettra d'enregistrer. Ce soir-là, j'étais accompagnée par la jeune femme qui m'avait conseillé de rencontrer Monsieur Michel.

Soudain, nous entendîmes le médium : *J'ai ici une dame Victorine...* Malgré les coups de coude de ma compagne, je ne réagis pas, nullement convaincue d'être concernée. En effet, je n'avais aucune photo de mon arrière-grand-mère, ma mère les ayant toutes détruites. J'avais complètement occulté le fait que les médiums rencontrés n'avaient jamais eu besoin de supports pour me mettre sur la voie de cette

Victorine.

Monsieur Michel insistait : *J'ai ici une dame Victorine. Elle vient pour une dame qui est dans la salle et qui ne veut pas se reconnaître. Il n'y a pas de photo.*

Cela pouvait donc être pour moi. Et le médium de continuer : *Cette dame Victorine vient vous prévenir. Il y a quelqu'un, chez vous, qui conduit une Estafette rouge...*

J'interrompai aussitôt, contente de trouver une erreur car, vraiment, je ne voulais pas que cette arrière-grand-mère débarquée de l'Au-Delà vienne me raconter n'importe quoi. Ce fut la réaction que j'eus à chaque message et j'eus intuitivement conscience que, dans une histoire comme celle-ci, il ne fallait jamais abandonner son propre discernement. Je protestai donc : *Il n'y a pas d'Estafette rouge dans la famille.*

Et Monsieur Michel de reprendre aussitôt : *Je dis «Estafette rouge» parce que l'on me montre un gros véhicule rouge, mais on ne m'en donne pas la marque. La personne conduit trop vite. Il faut qu'elle fasse attention.* Je réalisai alors que mon fils aîné, Thierry, possédait deux véhicules rouges : un Ford Transit, pour son travail, et un 4x4 Santana pour le week-end.

Mais déjà Monsieur Michel enchaînait : *Avez-vous une question à poser à cette dame ?*

Que dire ? Que demander ? J'aurais eu mille questions à poser... Mais comment les formuler ? Il n'était pas facile de se mettre à dialoguer avec cette grand-mère venue du Ciel. Lors des précédentes séances, je m'étais rendue compte que les défunts donnaient souvent des conseils aux membres de leur famille. J'en aurais eu bien besoin mais que demander en premier, et comment poser mes questions pour que la salle n'en comprenne pas le sens ? Finalement, je me décidai : *Ai-je actuellement choisi la bonne voie ?* Je pensais que c'était assez vague pour mon entourage mais que «Là-Haut», Victorine comprendrait ce que je voulais dire. A ma grande surprise, j'appris que j'avais trois voies.

*Votre voie est triple : il y a la voie professionnelle, la voie affective et la voie spirituelle* (Je tairai ce qui m'a été dit au sujet des deux dernières car très personnel et n'apportant rien d'indispensable pour la compréhension de ce récit). *Pour la voie professionnelle, il y a plus de difficultés. Celle-ci est un peu compliquée. Vous vendez un commerce, vous vendez un deuxième commerce. Puis vous remontez autre chose...*

A l'époque, j'avais encore mes trois boutiques et je me rendais compte que ces commerces ne m'intéressaient plus. Je ne voulais pas continuer ce travail jusqu'à ma retraite. Les vendre était bien dans mes projets, mais surtout pas pour «remonter autre chose». Aussi, je protestai encore une fois : *Ah ! ça non !* M'écriai-je. Et Victorine de répondre : *Eh bien, c'est ce qu'on verra !*

Dès maintenant, je voudrais revenir sur l'histoire du véhicule rouge. Mon fils conduisait de façon très raisonnable. Je pensais donc ne pas devoir m'inquiéter à son sujet durant la semaine où il était au volant du Ford Transit. Par contre, de temps à autre, il utilisait le Santana pour faire, avec son frère, des rallyes de nuit. A chaque départ, j'avais envie de leur recommander la prudence mais, «Là-Haut», on n'avait pas envie que je me tourmente. Aussi, le 7 décembre suivant, j'avais un nouveau message de Victorine : *Faire attention à l'Estafette rouge* (cette fois-ci, je ne protestai pas). *Dire au conducteur de faire attention. Dans un laps de temps très court, il y a un accident sur une petite route de campagne. Le véhicule se couche, dans un virage. Il n'y a ni mort ni blessé. C'est juste pour vous donner une preuve.*

J'étais rassurée. Ainsi, à chaque départ de mes fils, je préférais me taire. D'ailleurs, rien ne se passait. Et ce n'est qu'en janvier 1987 que ma belle-fille, un jour de neige, prit le Santana. Elle conduisait vite et, prenant un virage un peu trop à la corde, le véhicule bascula dans le fossé caché par la neige. Il y eut plus de peur que de mal.

*Ni mort ni blessé,* comme l'avait dit Victorine.

# AUGUSTE

Quelques jours après le premier message, je téléphonai à Madame M. pour lui faire part de la découverte de Victorine puisque c'était elle qui, la première, m'avait parlé d'un prénom en «ine». Elle me dit alors : *Vous avez aussi un autre guide. C'est un homme qui s'occupe de vos affaires commerciales.*

Le 10 janvier 1987, j'étais en communication téléphonique avec Monsieur Michel. Nous parlions de la chanson de Charles Trenet qu'il venait d'écouter à la radio - ceci pour montrer que nous étions, tous deux, loin de chercher un contact avec l'autre monde - lorsqu'il s'écria : *Attention ! J'ai un homme qui veut te parler. Il dit être le mari de Victorine. Mais il est bizarre : il a la figure et les mains noires, pourtant ce n'est pas un Noir, et il n'est pas sale. Il pousse une brouette sans côtés, dans une cour pavée. Il dit qu'étant parti de rien, il a réussi dans le domaine commercial. Il vient pour t'aider sur ce plan-là et te dire qu'il te faudra trouver des photos.*

Je compris aussitôt qu'il s'agissait des photos de ma famille et plus particulièrement de celles de mon arrière-grand-mère Victorine et de son mari Auguste. Ma mère les ayant toutes détruites, je protestai : *Mais c'est impossible ! Elles ont toutes été brûlées !*

Cependant, il insista : *Si, il y en a, chez la tante. Il faut que tu te les procures.*

Mon arrière-grand-père était marchand de charbon, ce qui explique ses mains et sa figure noires. Ma mère me confirma l'existence d'une brouette sans côtés dont il se servait pour transporter les bûches car il vendait aussi du bois. Il travaillait et habitait dans une maison dont la cour était pavée. Mon arrière-grand-père est décédé en 1933 et je n'ai pas connu cette maison, située à Versailles, rue des Chantiers.

Courant février, je reçus à nouveau deux messages d'Auguste. Le premier, le 8, donné à Poitiers, fut assez long. Il reprenait, en quelque sorte, le premier message de Victorine : *Vous vendez un magasin, puis un second, et vous refaites des plans.*

Je ne voulus pas comprendre cette phrase suivant le sens donné par Victorine, c'est-à-dire remonter une autre affaire. Je lui donnai une signification plus plaisante pour moi à cette époque : j'allais vendre tous mes commerces et reprendre mon ancien métier de décoratrice que je regrettais beaucoup. J'occultai complètement que l'on ne me parlait jamais de la revente du troisième magasin. Suivirent d'autres indications d'ordre personnel, que je tairai d'autant plus qu'à l'heure où j'écris ces lignes elles ne sont pas encore vérifiées.

Le 21 février, Auguste se présentait encore. Il se décrivait : *Un homme décédé depuis longtemps. Un charbonnier étant parti de rien,* et disait *avoir eu du mal à admettre la vie dans l'Au-Delà*, et me demandait *d'écrire pour prouver que l'Au-Delà existe.* Il me conseillait aussi de *faire attention à l'importance du chiffre 7.*

Le 28 mars, nouveau message. Le médium annonçait : *J'ai un Monsieur Auguste qui, de corpulence, était relativement grand. Marié, parti de rien et arrivé dans un domaine com-*

*mercial.* Il n'y avait pas de doute, il s'agissait à nouveau de mon aïeul. Il enchaînait : *Sur les transactions qu'il y a de marquées autour de vous, cela se réalise dans le double. Vous avez deux touches très positives pour vous. Et il faut aller jusqu'au bout. Ce sera à vous de vous déplacer, très prochainement, pour signer des papiers.* Suivait un message personnel ainsi qu'une mise en garde concernant la voiture que je venais juste d'acheter : *Pour une voiture beige, il y a un froissement de tôles.* Vous n'êtes pas au volant.

Pour la petite histoire, je signale que ce froissement de tôles eut bien lieu, deux ans plus tard. J'avais prêté cette voiture à mon fils. Il l'avait garée sur le trottoir, devant chez lui. La nuit, une conductrice fatiguée s'endormit au volant et fonça dans la mienne. Je n'étais donc pas au volant.

Mais revenons à nos histoires de vente de magasins. Lors de la transcription de ce message, j'avais cru comprendre qu'il se présenterait deux acheteurs pour le premier magasin que je venais juste de mettre en vente. Il n'en fut rien. Ce n'était, une fois de plus, qu'une façon de me faire comprendre que je vendrais deux magasins et non trois comme je le désirais.

L'importance du chiffre 7 m'apparut peu de temps après puisque, le 7 avril suivant, je me déplaçais à Bourges pour rencontrer l'acheteur de la première boutique. Plus tard, je comprendrais que «l'importance du chiffre 7» était à prendre à plusieurs niveaux.

Durant cette période, je m'étais mise à la recherche des photos réclamées par mon arrière-grand-père. Il avait dit : *Il y en a une chez la tante.* Je pensais qu'il devait parler de la soeur de ma grand-mère, une grand-tante que je n'avais d'ailleurs jamais connue. Demander à ma mère où elle résidait me paraissait difficile mais je me souvenai qu'enfant, celle-ci passait ses vacances avec un cousin, dans la région de Montpellier. Son nom m'avait frappé : Fernand Dau. Je cherchai par l'intermédiaire du minitel l'existence possible d'une famille Dau dans l'Hérault. J'entrai ainsi en relation avec un monsieur qui s'avérait être le cousin de celui que je cherchais. Je décidai d'aller lui expliquer de vive voix mon désir d'avoir des photos de la famille.

Par téléphone, l'affaire me paraissait délicate à faire comprendre. Il risquait de me prendre pour une déséquilibrée. Début mai, nous avons donc, ma fille Pascale et moi, frappé à la porte de ce vieux cousin inconnu. L'accueil fut chaleureux. Sa femme et lui sortirent aussitôt les albums de famille et quelle ne fut pas ma joie de découvrir le visage de Victorine et d'y retrouver les traits et le regard de ma fille. Peut-être le mien aussi. Mais je ne suis pas bon juge. Auguste était là aussi, en buste mais également devant sa voiture et son cheval. Par la même occasion, je retrouvai aussi les photos de mes grands-parents, Charlotte et André (Charlotte était la fille de Victorine et Auguste).

Le 23 mai, j'eus encore la chance de recevoir un message. C'était Auguste qui disait : *Les tractations que vous avez faites étaient nécessaires et elles sont bonnes. Seulement, du jour où tout sera réglé, c'est-à-dire tous les papiers, toutes les tractations faites, vous comptez entre vingt-quatre et trente mois pour refaire des transactions concernant un autre commerce.*

Le 27 juin, ce fut au tour de Victorine de revenir : *Pour les papiers qui sont en cours, qui sont sur le point d'être signés, cela ira jusqu'au bout. Mais attention, au dernier moment, non pas à un arrêt mais à quelque chose qui peut ne pas vous plaire.*

Un compromis de vente avait été signé. Lorsque l'acheteur, quelques jours plus tard, me demanda un délai supplémentaire, n'ayant pas encore les fonds nécessaires, je ne m'inquiétai nullement puisque j'étais prévenue. Ce n'était qu'un contretemps. Victorine avait dit : Cela ira *jusqu'au bout.* En effet, la vente se réalisa avec un retard de quinze jours.

A cette même séance de juin, je notais également : *Elle dit qu'elle ne vous oublie pas, qu'elle est toujours autour de vous et que, pour les photos, ils avaient raison, vous avez réussi à les avoir.*

Je demandais si, dans l'Au-Delà, elle était avec son mari Auguste. *Ils sont ensemble, mais pas tout le temps car ils ne sont pas dans le même domaine de sphères. Lui continue une évolution. Il vous fait dire, par son intermédiaire, de vraiment vous activer en ce qui concerne vos écrits car tout le monde, Là-Haut, trouve que c'est un peu lent. Il faut mettre sur papier ce qui circule dans votre tête. Cela vous aidera énormément, mentalement. Ils insistent en vous disant : Ecris !* Je protestai que je n'en avais pas le temps. Et j'entendis à nouveau : *Ecris ! Ecris !*

Il me fallut encore attendre plus de quatre ans

pour me décider à obéir à cet ordre. Mais je n'écrivis pas longtemps et j'eus donc droit à un nouveau rappel à l'ordre, en juillet 1994, par l'intermédiaire d'une amie médium qui me dit : *Il y a un couple qui trouve que tu n'écris pas vite.*

Je savais que j'allais faire ce livre mais je voulais changer d'abord de vie professionnelle. Aussitôt après la vente de ce premier magasin, je mis le deuxième en vente. Un acheteur se présenta bientôt. Un compromis fut signé. Tout semblait donc se présenter sous les meilleurs auspices. J'allais pouvoir souffler un peu, mettre le troisième en vente et abandonner le commerce. J'avais plusieurs idées en ce qui concernait ma reconversion possible. Et les choses se réalisaient donc plus vite que l'Au-Delà me l'avait annoncé. Cela me plaisait infiniment, n'aimant guère que l'on m'impose ainsi une ligne de conduite. Il y aurait juste dix-huit mois entre les deux ventes.

Seulement, quinze jours avant la signature, l'acheteur me prévint que l'affaire ne l'intéressait plus. Tout était à recommencer. Et ce n'est que vingt-neuf mois après la première vente, soit en décembre 1988, que je démarrai de nouvelles transactions de vente qui, cette fois, aboutirent. Curieusement, comme pour la première vente, il y eut un incident de dernière minute, mais cette fois-ci beaucoup plus important. Je faillis bien me laisser emporter par le doute. Maintenant, il ne me restait plus qu'à vendre le troisième.

Toute la fin de l'année 1987 fut marquée par de nombreux messages. C'était un vrai festival. Victorine et Auguste n'étaient plus seuls. Toutes les personnes décédées de ma famille, ou de mon ex-belle-famille, semblaient se relayer pour m'apporter des informations, soit des confirmations d'intuitions antérieures, soit des encouragements ou des indications concernant les études de mon plus jeune fils.

C'était, par exemple, le grand-père paternel de celui-ci, décédé trois ans avant sa naissance, qui me faisait dire : *Pour votre fils, ne vous inquiétez pas. Les chevaux, ils les aura autour de lui. De là où je suis, je m'en occupe.* Mon fils avait dû, faute de moyens financiers, abandonner la formation de maréchal-ferrant qu'il suivait, à Bruxelles, et ma foi était mise à rude épreuve. Il semblait qu'il n'y eut aucune possibilité, pour lui, de terminer sa formation. Les difficultés pour trouver une autre formule étaient telles que, sans cet encouragement de mon beau-père, j'aurais certainement abandonné les démarches. Mon fils est maintenant maréchal-ferrant et vit entouré de chevaux.

La santé de ma mère semblait aussi avoir de l'intérêt pour mes amis de l'Au-Delà. Je ne comprenais pas car, pour ses soixante-quinze ans, celle-ci se portait à merveille. Ce n'est qu'aujourd'hui que je comprends le sens de ce que l'on m'annonçait alors.

Durant l'année 1988, je continuai mon enquête mais je ne recevais plus de messages. La communication semblait coupée pour la bonne raison que mes relations avec Monsieur Michel s'étaient espacées. Je crois surtout que, par cette interruption, l'Au-Delà voulait me faire comprendre que, maintenant, j'avais reçu assez d'aide.

Cela m'était d'ailleurs confirmé lorsqu'en avril

1989, à la suite d'un coup de cafard, je décidai de chercher un autre médium. Je rencontrai Monsieur N. avec les photos de mes aïeux. Très honnêtement, celui-ci m'avait prévenue : il ne se passerait peut-être rien. J'avais maintenant assez d'expérience pour savoir que, dans ce domaine, rien n'est garanti. C'est l'Au-Delà qui décide, jamais nous.

Monsieur N. ne ressentit rien avec la photo de Victorine. Avec celle d'Auguste, cela semblait mieux aller. Mais j'entendis : *Ce monsieur n'a vraiment pas l'air content. Il vous dit : Mais qu'est-ce que tu veux encore savoir ? On t'a déjà tout dit !* Ne voulant accepter cette vérité, bien sonnée mais dérangeante - je venais chercher de l'aide et l'on me renvoyait à moi-même -, j'accusai, en mon for intérieur, le médium de dire n'importe quoi pour me faire croire à un contact qu'il ne pouvait obtenir.

Cependant, il continua : *Ce monsieur n'est pas content car sa tombe n'est pas entretenue.* Cette affirmation semblait confirmer ma première impression puisque je croyais que mes parents allaient plus ou moins régulièrement à Versailles s'occuper des tombes familiales. Mais, renseignements pris, ceux-ci ne s'intéressaient qu'à la tombe de leurs parents et de ma soeur.

Le médium ajouta également : *Il regrette aussi qu'à la place de ses champs, il y ait de grands immeubles.* Là encore, je soupçonnais le médium de fraude. A ma connaissance, mon arrière-grand-père était marchand de charbon en plein centre de Versailles. J'ignorais alors qu'il avait également possédé des terres au

Mesnil-Saint-Denis, son village natal. A l'emplacement de celles-ci se trouvaient bien, maintenant, de grands immeubles.

C'est ainsi que se termina ma quête auprès des médiums, Auguste m'ayant sévèrement rappelée à l'ordre. L'Au-Delà m'avait beaucoup aidée. Depuis, j'avais beaucoup appris. J'avais encore beaucoup à apprendre. Mais je devais être capable de naviguer seule.

D'ailleurs, comme Jean Prieur le fait dire à René, dans *«Les Visiteurs de l'Au-Delà» : Les messages ne sont que pour un temps, le temps que les larmes sèchent, le temps que revienne le sourire.*

AUGUSTE

## FRANÇOISE

C'est à cette époque que je fis la connaissance de Françoise. Cette voisine, atteinte de ce que l'on appelle pudiquement une terrible maladie, ne quittait pratiquement plus son lit depuis quelques mois. Elle était encore jeune, avait été quelqu'un d'extrêmement dynamique, et voulait rester gaie et rieuse jusqu'au bout. Elle avait un courage extraordinaire et j'eus vraiment beaucoup de plaisir à la connaître.

Mon enquête la passionnait. Elle était très intéressée par la spiritualité et l'après-vie. C'était une audacieuse, en quelque sorte écartelée entre deux désirs contradictoires : celui de partir, impatiente de connaître et d'expérimenter cette «Vie de Lumière» vers laquelle elle aspirait, et celui de rester, ici-bas, persuadée que sa famille avait encore besoin d'elle.

Un jour que nous bavardions à bâtons rompus, elle voulait que je lui décrive ma maison qu'elle ne connaissait pas. Je lui proposai de l'y transporter, dans son fauteuil roulant, au printemps suivant. Mais elle me répondit qu'elle irait bien avant. Je trouvais cela déraisonnable, ayant peur qu'elle ne prenne froid car nous allions vers l'hiver. Elle me dit qu'elle y viendrait, d'une autre façon, après son décès. Prise de court et pour cacher mon émotion - car je venais de me rendre compte qu'elle savait ne plus avoir bien longtemps à vivre -, je pris le parti de plaisanter : *D'accord, mais tu seras chez moi et je ne le saurai pas. Tu pourras voir tout ce que je ferai.* Et elle me promit : *Si je peux, je te ferai un petit coucou.*

Quelques semaines après, elle nous quittait. Pour ses obsèques, il faisait bien froid, en ce jour de novembre, et pourtant, au cimetière, durant toute la cérémonie, un petit oiseau rieur chanta et ne quitta pas la branche sur laquelle il était perché. Il semblait nous dire que, maintenant, elle était heureuse, débarrassée des souffrances qu'elle venait d'endurer et qu'elle avait retrouvé son dynamisme.

J'avais oublié la promesse du «petit coucou». Un soir, je prenais mon repas, dans la cuisine, seule avec Lady, petite chatte que tout le monde trouvait aussi aristocratique que son nom. Aristocratique, certes, mais mal élevée puisqu'elle était assise sur la table, devant mon assiette. Soudain, elle se dressa, tous poils hérissés et, grondant, elle suivit du regard quelque chose qui semblait se déplacer au niveau du plafond. J'essayais vainement de la calmer. Lorsque l'idée me vint et je me mis à parler : *Françoise, si c'est toi qui fait peur à Lady, j'aimerais mieux que tu partes.* Presque instantanément, ma compagne se calma. Puis je montai me coucher.

En descendant, le lendemain matin, j'eus mon attention attirée par mes trousseaux de clés. Ils étaient par terre. Quand je rentrais chez moi, j'avais l'habitude de poser mes clés sur un convecteur électrique qui se trouvait près de la porte d'entrée, sa surface supérieure formant une plaque rectangulaire d'une dizaine de centimètres de large. Ce matin-là, les clés étaient par terre. Curieux ! Je ne me souvenais pas les avoir fait tomber. Et, dans ce cas, pourquoi ne les avais-je pas ramassées ? Mais, pressée, je ne m'apesantis pas davantage sur la question.

Le soir, me voici à nouveau couchée, au premier étage, en train de lire. Lady est à mes pieds. Ce détail est important car, chaque fois que j'ai raconté cette histoire, on m'a aussitôt rétorqué que c'était elle la responsable. Soudain, j'entendis quelque chose tinter sur la tôle du convecteur. Vite, je descendis voir ce qui se passait : le trousseau le plus léger - celui des clés de voiture - était près du bord, prêt à tomber. J'éteignis le convecteur. J'étais sûre qu'il n'était la proie d'aucune vibration mais je voulais en être plus sûre encore. Je ne laissai sur le convecteur que le trousseau le plus lourd, comptant six clés, et je remontai me coucher.

Le lendemain matin, le trousseau était par terre. Cette fois, j'avais compris. C'était Françoise qui se manifestait. Mais, toujours en quête de davantage de preuves, je lui demandai de recommencer encore une fois. Le surlendemain, les clés étaient à nouveau par terre.

*Merci, Françoise, tu as tenu parole. Merci de ton «petit coucou».*

Mais voulant toujours davantage de preuves et de certitudes, je racontai cette histoire à l'un de mes amis, ingénieur à E.D.F. Après avoir regardé le convecteur, il conclut que ce que je lui racontais ne pouvait être que l'oeuvre de ma chère Lady. Je n'insistai pas, de peur qu'il ne me prenne pour définitivement folle. Mais, pendant que nous prenions l'apéritif, nous entendîmes du bruit dans le couloir. Les clés venaient de tomber. Mon ami préféra partir sans demander son reste. *Merci, Françoise, tu es toujours aussi malicieuse !*

Mais je ne fus pas la seule à avoir droit aux manifestations de mon amie. Elle vint également chez elle, fermant plusieurs fois de suite la porte du meuble dans lequel se trouvait la télévision que regardaient ses filles. Lorsque celles-ci la remercièrent et lui conseillèrent d'aller vers la Lumière, ces manifestations cessèrent puis reprirent, de façon épisodique, comme pour montrer qu'elle n'avait pas tout à fait abandonné sa famille.

# LA VIE APRÈS LA VIE

*La mort est un changement d'état.*
TEILHARD DE CHARDIN

La croyance en une survie de l'Esprit après la mort est admise dans toutes les traditions et l'on retrouve, dans les plus anciens écrits, des récits de «prophètes» qui transmettent aux hommes les instructions divines. Cette conversation avec les Esprits est connue depuis la nuit des temps.

L'une des plus anciennes prophéties connues concerne la naissance de Krishna, quelque cinq mille ans avant Jésus-Christ. Une jeune vierge, du nom de Dévaki, reçut le message suivant : *Vierge et mère, un fils naîtra de toi, qui sera le sauveur du monde. Retire-toi au pied du mont Mérou* (Himalaya) *et tu mettras au monde ton fils divin. Tu l'appelleras Krishna.* Et c'est bien au pied du mont Mérou, dans un grotte, que la jeune Dévaki mit au monde un fils. Curieuse prophétie qui rappelle étrangement ce qui arriva à une certaine Marie.

Dans une tradition que les occidentaux connaissent mieux, c'est-à-dire dans la Bible, nous lisons que, depuis la Création, l'homme a toujours été inspiré par le Ciel. Il a des visions et entend des voix. Que ce soit Adam, Abraham ou Moïse, tous ont reçu et transmis des messages. On se souvient, en particulier, de Moïse dirigeant son peuple hors d'Egypte. N'était-il pas un véritable intermédiaire entre les hommes et Dieu lorsqu'il reçut, sur le mont Sinaï, les Commandements de Dieu ?

Les Anges apparaissent aux prophètes. Daniel, le quatrième des grands prophètes avec Isaïe, Jérémie et Ezéchiel, eut beaucoup de visions de l'autre monde.

Hermès Trismégiste, en Egypte, eut aussi des visions qui lui firent connaître les secrets de l'univers et des mondes célestes.

Au VIIe siècle avant Jésus-Christ, en Grèce, les temples de Delphes et d'Eleusis étaient bien connus pour leurs oracles. On y croyait aux Esprits qui parlaient par l'intermédiaire des prêtres et prêtresses.

Chez les Celtes, le Druide était le personnage le plus important : celui qui savait ce que désirait le Ciel. Les chefs ne prenaient aucune décision sans avoir, au préalable, consulté le Druide. La tradition celte étant purement orale, nous n'en aurions rien su sans les écrits des Latins. Au premier siècle après Jésus-Christ, Pompelius Mela écrit, à leur sujet : *Une de leur doctrine s'est répandue dans le peuple, à savoir que l'âme est indestructible et qu'il y a une autre vie chez les morts.*

L'Eglise des premiers siècles n'était nullement opposée à cette croyance. Saint Augustin écrivait : *Les Esprits des morts peuvent être envoyés aux vivants et peuvent dévoiler l'avenir qu'eux-mêmes ont appris d'autres Esprits ou des Anges, ou par la révélation divine.*

Parmi les plus grands Inspirés, nous retiendrons, au début du XIIe siècle, Hildegarde de Bingen, religieuse bénédictine qui eut, très jeune, la vision d'une grande Lumière et entendit, provenant du Ciel, une voix très forte lui intimant l'ordre : *Ecris ce que tu vois et entends.*

*Révèle les merveilles que tu as connues. Ecris-les et parle.* Pendant les dix années qui suivirent, elle écrivit un enseignement magistral sur toute la création de l'Univers, sur les différents règnes, minéral, animal et surtout humain, sur le sens des Evangiles, de l'Ancien et du Nouveau Testament. Elle, dont la culture était assez limitée, retransmit un savoir immense qu'elle puisait directement dans les autres Sphères.

Il nous faudra arriver au Moyen Age et à l'Inquisition pour trouver une persécution sans pitié de tous ceux, visionnaires ou guérisseurs, qui possédaient de tels dons. Il ne fallait pas faire grand-chose, alors, pour se retrouver sur le bûcher. A cette époque et pendant les siècles qui suivirent, on vit l'action du Diable partout, oubliant que tout ce que Dieu a fait est bon et que c'est ce qu'en fait l'homme qui peut être mauvais. On oublia que tous les grands principes philosophiques ou religieux avaient été révélés. Et c'est ainsi que nos plus grands Saints se sont souvent trouvés en butte aux persécutions de leurs supérieurs. Près de nous, nous nous souvenons des tracasseries - et le mot est faible - que la hiérarchie catholique fit subir au Padre Pio durant une partie de sa vie.

Pendant des siècles, en Occident, il valut donc mieux ne pas se vanter de converser avec l'Au-Delà. Ce n'est qu'au siècle dernier que l'intérêt pour les contacts spirites ose réapparaître. Je conseille aux intéressés par la question de se reporter à «L'Histoire du spiritisme», écrite par Sir Arthur Conan Doyle qui fit, sur le sujet, une enquête digne de son célèbre Sherlock Holmes.

Je me contenterai de rappeler que le premier

cas de contact avec l'Au-Delà, qui fit grand bruit, à l'époque, c'est-à-dire en 1848, est celui des soeurs Fox, à Hydesville, dans l'état de New York. Des Etats-Unis, la vague d'intérêt gagna l'Angleterre puis la France.

C'est d'ailleurs un Français, Hippolyte-Léon Rivail (1804-1869), plus connu maintenant sous le nom d'Allan Kardec, qui devint le père de la Doctrine Spirite. Ce professeur, également médecin, a cinquante ans lorsqu'il entend parler, pour la première fois, de tables «tournantes». Il se passionne pour le phénomène et, bientôt, reçoit un message d'un Esprit lui disant qu'ils ont eu une existence commune, en Gaule, du temps des Druides. Il se serait alors appelé Allan Kardec. Tous les messages recueillis seront analysés et donneront naissance à des ouvrages qui sont, encore à l'heure actuelle, les références de l'Ecole Spirite. Ce fut, en 1856, «Le Livre des Esprits» ;en 1861, «Le Livre des Médiums» ; «L'Evangile» (1864) ; «Le Ciel et l'Enfer» (1865) ; «La Genèse» (1867). Kardec créa également la «Revue Spirite» qui existe encore de nos jours. Sa tombe, au cimetière du Père-Lachaise, à Paris, est constamment fleurie.

Au siècle passé, on peut dire que toute l'intelligentsia s'intéressa au Spiritisme, Victor Hugo en étant, sans doute, le représentant le plus célèbre.

Si les Esprits ont commencé à se manifester par des bruits, on communiqua bientôt avec eux par l'intermédiaire des «tables tournantes» que l'on aurait dû plutôt appeler «tables frappantes» Bientôt, cette technique fut remplacée par celle du verre qui se déplace devant les lettres d'un alphabet. Puis nous trouverons la planchette Oui-Ja et l'écriture médiumnique (dont nous reparlerons au chapitre de la médiumnité). Depuis quelques années, les Esprits ont réussi à entrer en communication avec notre monde en utilisant les plus récentes découvertes de la technologie moderne : magnétophone, télévision et même téléphone. Je ne développerai pas toutes ces techniques, celles-ci étant très bien étudiées par François Brune dans son livre «Les morts nous parlent».

Cependant, quelle que soit la technique utilisée pour que le contact ait lieu, il faut un intermédiaire entre les deux mondes, pris dans notre monde terrestre, c'est celui que l'on appelle le Médium. Dans l'Univers, tout est vibration. Les hommes dont l'esprit est incarné, n'ont pas la même fréquence vibratoire que les Esprits - c'est-à-dire les désincarnés. Pour qu'il y ait contact, il faut être sur la même longueur d'ondes, sur la même fréquence vibratoire. Il faut qu'il y ait élévation de celle du médium et que, de son côté, l'Esprit ralentisse les siennes.

Le médium a donc la possibilité de changer ses fréquences de vibrations. S'il peut se mettre sur la fréquence de l'Au-Delà, il peut aussi se mettre sur la même longueur d'ondes que les personnes qu'il rencontre : c'est pourquoi médiumnité et voyance sont souvent confondues. La médiumnité peut être naturelle, nous parlerons alors de don de naissance, ou se révéler à la suite d'un choc ou d'un travail d'évolution personnelle. L'élévation spirituelle, la prière, faisant changer de niveau vibratoire, les

Saints possèdent souvent de tels dons. Padre Pio lisait dans les âmes. Nul ne pouvait lui cacher ses fautes. Il en était de même pour le saint Curé d'Ars.

Les Esprits, pour communiquer autrement que par de simples bruits ou déplacements d'objets, ont absolument besoin des médiums. D'après Georges Morannier, ceux-ci ont toujours été choisis par le Ciel pour apporter une preuve de la survivance de l'âme. Nous parlerons, dans le prochain chapitre, des différents types de médiumnité.

Etre médium est une lourde responsabilité. Toujours d'après Georges Morannier, ils sont toujours aidés par leurs guides invisibles. Par contre, comme chacun d'entre nous, ils ont leur libre-arbitre et peuvent ne plus utiliser leurs dons pour l'aide véritable de leur prochain. S'ils se laissent entraîner par l'orgueil ou l'attrait de l'argent, ils seront abandonnés par leurs guides.

Etre médium n'est donc pas un gage de moralité, d'intelligence, ni surtout d'honnêteté. Conan Doyle disait : *Le médium n'est qu'un simple instrument et le don n'est pas lié au caractère. Aucun enseignement de valeur ne passera jamais par un canal inférieur.* Il utilisait déjà un mot très employé actuellement, celui de canal ou channel.

Les médiums ne capteront que ce qu'ils seront capables de capter, c'est-à-dire ce qui vibrera sur la même longueur d'ondes qu'eux. Et comme le passage dans l'Au-Delà n'amène pas une transformation radicale de l'individu, la valeur des messages captés dépendra du canal récepteur.

Cela nous fait comprendre pourquoi certaines séances de spiritisme de salon sont si décevantes. La plupart des personnes qui font ce genre de séance, pour s'amuser, dans un but purement matérialiste, n'attireront que les Esprits dits du Bas-Astral. Il faut bien être conscient que chercher le contact avec les Esprits n'est pas un jeu anodin. D'ailleurs, la plupart de ceux qui l'ont fait par simple curiosité ou par moquerie, l'ont appris à leurs dépends : ils ont pu recevoir des messages stupides, même souvent orduriers, et obtenir des manifestations violentes (chaises renversées, verre brisé, etc.), preuves qu'ils ont capté un Esprit farceur.

Et ce n'est là qu'un moindre mal puisqu'il existe aussi des Esprits qui peuvent chercher à s'incorporer dans l'un des participants et lui faire ainsi changer brutalement de personnalité. Certains se sont retrouvés en hôpital psychiatrique pour cette simple raison. Un livre intéressant, «Sauvée de la folie», de Divaldo Pereira Franco, auteur bien connu au Brésil, raconte l'histoire d'une jeune fille qui, brusquement, devint agressive, surtout à l'égard de son père. Internée, son état ne faisait qu'empirer, lorsque sa famille rencontra un groupe spirite. Son père, officier, avait oublié d'accomplir une promesse faite sur un champ de bataille à l'un de ses soldats sur le point de mourir. L'Esprit de ce dernier avait voulu se venger en s'attaquant à ce que cet officier avait de plus cher : sa fille.

Mais je me garderai bien de condamner toutes les séances de Spiritisme comme certains ont tendance à le faire. En effet, le médium n'est pas seul responsable de la qualité de la séance. Les participants sont aussi un facteur de réussite. Et même si, dans l'assistance, tous ne sont pas animés des sentiments les plus élevés, seul le Ciel peut en juger. Si cela est dans le Plan divin, dans ces séances, on peut aussi capter des messages intéressants.

J'ai assisté, lors de mon enquête, à quelques séances qui étaient loin d'être «spirituelles» et, en relisant mes notes, je me suis aperçue que, seuls, les messages qui m'étaient destinés se révélèrent dignes d'intérêt. Les autres personnes n'obtinrent rien de valable. Ce qui m'attira quelques jalousies. Les Esprits ne voulaient pas mentir pour moi puisqu'ils savaient que je vérifiais, critiquais, jaugeais tous leurs messages et qu'ils voulaient que je sois convaincue d'une survie après la mort... et surtout que je le fasse savoir.

Par exemple, en juillet 1987, lors d'une séance avec le verre, un Esprit qui, jusque-là, n'avait répondu que par oui ou par non, devint soudain bavard pour moi : *Nicole, tu dois écrire pour nous. Nous existons. Je suis heureux où je suis. Prends tous les messages et analyse. Tu trouveras le chemin à suivre.* En même temps, il m'annonçait que mon fils partirait, neuf mois plus tard, finir ses études dans les Vosges. Un premier échec pour l'admission dans une école, près de Nancy, me fit douter. Mais il partit à Saint-Dié, en mars suivant, dans un centre de formation dont j'ignorais l'existence lorsque la séance eut lieu.

Il y a actuellement une accélération dans les contacts avec l'Au-Delà. Nous sommes de plus en plus nombreux à avoir reçu cette mission de témoigner que la vie ne s'arrête pas avec la mort. En général, les personnes choisies sont des hommes ou des femmes qui, au départ, ne croyaient nullement en ces pratiques mais qui, une fois mises sur la voie, ont eu l'esprit assez ouvert et curieux pour vérifier les premiers indices donnés. En France, je pense en particulier à Jeanne Morranier, Monique Simonnet, Anne-Marie Lionnet, Jean-Paul Sermonte ; en Italie, à l'avocat Lino Sardos Albertini.

De même, on rencontre de plus en plus souvent des médiums de haut niveau qui transmettent des messages de haute teneur spirituelle. Certains préfèrent alors leur donner le nom de «télépathes» plutôt que médiums, ce mot ayant parfois une connotation péjorative. Je citerai en particulier les dialogues avec l'Ange de Gitta Mallasz, les messages d'une jeune femme, Ghislaine, plus connue sous le nom d'Omnia, les messages de Findhorn, etc.

Mais tous ces messages captés nous confirment qu'il y a une autre vie que celle que nous connaissons. Pour nos interlocuteurs, ce que nous appelons la vie n'est en fait qu'une infime parcelle de la Vie. La mort n'est pas le néant, c'est en fait une re-naissance.

Au moment où l'Esprit quitte notre corps, il reste relié au corps physique par ce qu'on appelle la corde d'argent. L'une des extrémités de cette corde est attachée à l'atome-germe qui se trouve dans notre coeur. Ce n'est que lorsque la rupture a lieu, au bout de trois jours environ, que l'âme quitte définitivement l'enveloppe charnelle. Et ce n'est qu'au bout d'un laps de temps plus ou moins long que l'Esprit se rend compte qu'il a changé d'état. Il se croit toujours vivant mais n'arrive plus à se faire entendre de ses proches. De plus, il a acquis des possibilités nouvelles : déplacement à grande vitesse, au travers des murs, des corps, etc.

L'âme qui se retrouve dans l'Au-Delà, sans aucune préparation spirituelle, est donc désemparée. Elle ne comprend pas ce qui lui arrive. On pourra lire, à ce sujet, «Retour de l'Au-Delà», du Docteur Ritchie (Laffont), dont l'expérience fut à la base des recherches de Moody et de ses élèves.

Dans l'un de ses messages, mon arrière-grand-père Auguste disait : *qu'il avait eu bien du mal à admettre la vie dans l'Au-Delà.*

Jean Prieur, dans «Le Livre des morts occidentaux», chez Laffont, compare le nouvel arrivant à un promeneur égaré : *Si le nouvel arrivant est un homme de bonne volonté, cela ne durera pas. Pour lui, la mort est libératrice et fin des épreuves, tout ira bien, tout ira vite. Ce trouble se prolongera s'il est ignorant ; il croira vivre de sa vie physique et prendra son corps subtil pour un corps de chair. Cette confusion se produira s'il était matérialiste de son vivant ou même s'il était protestant moyen, ou catholique moyen, n'ayant jamais entendu parler du corps spirituel. En revanche, s'il est bouddhiste ou hindouiste, il comprendra qu'il possède le «linga sharina» et, s'il est platonicien, le corps de Lumière. Tout adepte d'une religion ésotérique sait qu'il vit désormais dans son corps subtil.*

Longtemps, les enseignements ésotériques ne furent connus que des seuls Initiés.

Actuellement, nous entrons dans une ère nouvelle où les enseignements ésotériques sont accessibles au plus grand nombre. Si cela ne semble pas toujours être un bien, cela permettra certainement une meilleure et plus rapide compréhension du passage.

Les Esprits ont tous dit avoir retrouvé leur forme humaine, mais en mieux. Ils ont retrouvé leur jeunesse, perdu leurs handicaps. Ils nous disent tous être passés par «l'Examen de Conscience», sorte de vision ultrarapide de toutes leurs actions terrestres, et avoir été accueillis par des parents et amis partis avant eux.

L'Esprit va rejoindre la sphère spirituelle qui lui correspond. Là, il peut réaliser le moindre de ses désirs. Il peut, en particulier, continuer à oeuvrer pour une mission dont il s'occupait durant sa vie terrestre. C'est le cas, par exemple, des Médecins du Ciel dont je reparlerai plus loin.

Hélène Bouvier, la célèbre médium parisienne, écrit, dans «Entre les mains de Dieu» : *Ils peuvent avoir toutes sortes d'activités, s'adonner à la lecture, s'instruire, comme saint Michel le révéla à la stigmatisée Marie-Julie Jahenny. Le langage n'exige pas de mots : on correspond par la pensée. La parole demeure cependant car on a pu capter des conversations entre décédés.*

*Pour certains, la vie astrale ressemble à leur vie terrestre. Mais après un certain temps, qui varie selon chaque esprit, une évolution spirituelle s'opère, qui permet d'accéder au plan supérieur. Il est alors nécessaire de se séparer de ceux du premier plan. On peut cependant revenir les voir, en abaissant le taux de ses vibrations.*

C'est ce qu'avait voulu me faire comprendre ma chère Victorine lorsque, lui ayant demandé si elle était avec Auguste, elle me fit répondre : *Ils sont ensemble, mais pas tout le temps car ils ne sont pas sur le même domaine de sphères. Lui continue une évolution.*

Les enseignements ésotériques disent qu'il existe neuf sphères. Seules, les trois premières sont facilement atteintes par l'esprit humain. Les vibrations deviennent ensuite de plus en plus fortes. Donc, plus l'Esprit s'élève, plus il deviendra difficile de le contacter.

Chaque Esprit va donc rejoindre la sphère spirituelle qui lui convient et il peut, progressivement, s'élever vers les sphères supérieures. Plus nous aurons cherché à comprendre, plus nous aurons cherché à nous améliorer, plus nous aurons essayé d'aider les autres, en un mot, plus nous aurons pratiqué l'Amour, plus vite nous irons vers les sphères supérieures, c'est-à-dire les sphères de Lumière.

Ceci nous est parfaitement expliqué par un être de l'Au-Delà, Georges Morranier, et nous retrouvons, dans ses messages, l'enseignement du Bardo Thodol ou «Livre des morts tibétains». Outre les livres qu'il a dictés à sa mère, Jeanne Morranier, je recommanderai de lire «Le Livre de la Vie et de la Mort», de Sogyal Rimpoché.

CHAPITRE 3

# ETRANGES MANIFESTATIONS OU LA MÉDIUMNITÉ

*Un médium efficace est un être prédestiné,*
*chargé d'une lourde tâche, celle d'aller*
*à contre-courant du matérialisme athée*
*qui a envahi le monde terrestre.*
Georges MORRANIER.

## ÉTRANGES MANIFESTATIONS

*Tous ceux qui ne veulent pas reconnaître que certains êtres humains ont des pouvoirs étranges sont de très mauvaise foi.*

GEORGES MORRANIER.

Lorsque, en 1986, Mme M. me dit *L'un de vos fils est médium, comme vous*, je dus avoir une réaction de peur puisqu'elle ajouta : *Ne craignez rien, nous sommes des gens normaux.* Et j'oubliai cette phrase qui ne m'intéressait pas. Moi, médium ? Allons donc !

Même lorsque certaines manifestations que je qualifiai «d'étranges» ont commencé à se produire, je n'ai jamais pensé ou surtout voulu admettre que j'étais médium. La première et la plus belle de ces manifestations se produisit à la fin du mois de juillet 1986. Par un très beau dimanche, j'étais assise dans mon jardin. C'était un de ces merveilleux jours d'été où la chaleur donne une excuse à notre paresse. J'étais sensée lire mais mon esprit vagabondait et toute la tristesse accumulée ces dernières années affluait à mes yeux. Les larmes coulaient. Je ne pouvais me concentrer sur ma lecture. D'ailleurs, ne voyant plus clair, j'ôtai mes lunettes et levai les yeux vers le ciel.

Un double ARC-EN-CIEL se dessinait au-dessus de mon jardin. L'émerveillement laissa bientôt place à la perplexité : comment pouvait-il y avoir un arc-en-ciel alors que nous étions en pleine période de sécheresse ? Croyant être, une fois de plus, le jouet de mon imagination, je remis mes lunettes. Les deux arcs concentriques étaient toujours là. Et je ne pleurais plus.

Durant tout le dernier trimestre 1986 et l'année 1987, il se produisit toute une série de phénomènes «étranges» car nouveaux pour moi et apparemment inexplicables de façon rationnelle. De temps à autre, essentiellement quand j'étais dans ma chambre, je me mis à sentir des parfums. C'était très fugace, mais je ne reconnaissais ni mon parfum, ni celui de la lessive de mes draps. C'était tellement rapide que je n'arrivais pas toujours à les définir. Une fois, je crus reconnaître du jasmin ; une autre fois, de l'encens.

Cela se produisit aussi dans ma voiture. Par contre, je remarquai très vite que ces manifestations arrivaient lorsque j'étais très triste. En somme, c'était comme si l' «on» essayait de me faire comprendre que je n'étais pas seule. Je ne fus d'ailleurs pas la seule à sentir ces parfums puisqu'un jour, un ami me dit, en entrant dans la maison : *Tiens, tu as fait brûler de l'encens.* Ce que je n'avais encore jamais fait dans cette maison.

Il y avait aussi ce souffle frais sur ma figure, au moment de m'endormir. La première fois, j'allai vérifier la fermeture de toutes les portes et fenêtres. Il n'y avait aucun courant d'air possible.

Dans ma chambre, il y avait deux grosses poutres. Lorsque je me posais des questions, et surtout lorsque je mettais en doute les messages reçus, la plus basse se mettait à craquer. Un jour, le bruit fut d'une telle violence que je crus à une déflagration et fus tout étonnée de voir que le plafond et le vélux étaient toujours en place, comme s'il ne s'était rien passé.

Ces phénomènes ne me firent pratiquement jamais peur. Une seule fois, j'entendis nettement des pas dans l'escalier. Je ne me faisais pas fière. Constatant que je n'avais pas entendu la porte d'entrée grincer, je conclus à une de ces manifestations et je me mis à prier. Les bruits s'arrêtèrent aussitôt.

Il y avait aussi les photos qui, habituellement, coincées dans le cadre d'une glace, faisaient des pirouettes et se retrouvaient, quelques centimètres plus loin, dans une position inexplicable par une simple chute. Je tiens à spécifier qu'alors je vivais seule.

Le 3 octobre 1987, je me reposais, en Corse, dans la maison de mon fils. C'est un endroit solitaire et sauvage où j'ai toujours retrouvé mon équilibre et ma sérénité. J'étais sur la terrasse, seule, admirant ce magnifique paysage : la montagne se jetant dans cette mer si bleue et le silence total. J'avais sur les genoux un livre intitulé «Les Guérisons Miraculeuses» mais ne me décidais pas à l'ouvrir, fascinée par tant de beauté. Quand, soudain, une effluve d'un parfum merveilleux et inconnu me balaya le visage. Qu'était-ce donc ? Il n'y avait aucun souffle de vent. Et ce parfum ne ressemblait à aucune des senteurs du maquis. Intriguée mais ne trouvant pas de réponse, j'ouvris mon livre au hasard. Je découvrais la vie de Padre Pio par Marie

Winowska. Je ne connaissais pas ce moine italien du début de notre siècle, décédé en 1968. Et j'appris qu'il avait la particularité, même de son vivant, de se manifester par une bouffée de parfum à ceux qu'il voulait aider. Je lisais : *C'est un fait que les affaires personnelles et même les objets touchés par Padre Pio embaument. C'est un fait également que ce parfum ne ressemble à rien tout en évoquant une gamme d'odeurs connues. C'est un fait qu'il peut agir à distance. Et enfin, point de doute que ces effluves aient une signification bien déterminée et rejoignent, dans l'arsenal apostolique de Padre Pio, les charismes que Dieu lui octroie pour aider, attirer, consoler ou mettre en garde les âmes qui lui sont confiées.*

Quelle chance j'avais ! J'ignorais tout de ce moine et le simple fait d'avoir eu un livre parlant de lui sur les genoux, m'avait permis de sentir ce parfum à nul autre pareil !

Lors des séances organisées par Monsieur Michel, j'observais aussi deux manifestations singulières. Alors qu'il venait de prendre en main la photo d'une dame et annonçait que cette personne était morte en déportation, j'eus l'impression d'un malaise. La seconde d'avant, j'étais en pleine forme et, soudain, je sentis mon rythme cardiaque diminuer et j'eus peur de m'évanouir. Ce fut excessivement rapide, si bien que je n'eus pas le temps de réagir ni d'avoir vraiment peur. En un instant, la salle tout entière avait disparu de ma vision et tout n'était plus qu'ondes lumineuses. Je ne voyais plus mes voisins. La salle était lumière et, devant moi, se trouvait une grande femme, très maigre, vêtue d'une robe grise. Je ne me posais pas de question car «je savais» qu'il s'agissait de cette dame morte dans un camp de concentration.

J'entendis le médium dire : *Cette dame s'en va.* Et tout redevint normal. Par contre, je n'avais pas entendu les autres paroles de Monsieur Michel qui, comme d'habitude, avait dû rapporter les messages de cette personne. J'étais cependant intriguée car je croyais que les déportés étaient en vêtements rayés. Plus tard, j'appris que les femmes portaient des robes grises unies.

Une autre fois, je vis des formes lumineuses se déplacer sur le mur, derrière le médium. J'ai d'abord pensé à un phénomène optique. J'observai attentivement les lumières de la salle. Celles-ci ne bougeant pas, les formes auraient dû être toujours à la même place. Or, elles bougeaient, par rapport au médium, tantôt à droite, tantôt à gauche, et pas toujours à la même hauteur. Myope, j'ôtais mes lunettes et les remettais, essayant de trouver quelques interférences pouvant expliquer ce phénomène. Et quelle ne fut pas ma surprise de m'apercevoir que je distinguais encore mieux les formes sans mes lunettes ! Petit à petit, je remarquai que ces formes ressemblaient à des têtes et étaient différentes suivant que le médium parlait d'un défunt masculin ou féminin : les formes féminines étaient plus allongées. Je vis aussi une frange lumineuse autour du médium. Jamais, depuis, je n'eus d'autre vision comme cette déportée. Par contre, dans certaines circonstances, il m'arrive de voir l'énergie qui entoure toute personne. Parfois, j'ai vu auprès de certaines, une forme lumineuse que je n'hésite pas, maintenant, à appeler leur Guide.

C'est aussi à cette époque que je m'aperçus que la présence de certaines personnes m'était particulièrement désagréable. La première fois que cela se produisit, c'était en bavardant avec un représentant. Ce monsieur me contait, par le détail, l'opération qu'il venait de subir et, alors que j'ai toujours eu de l'intérêt pour les problèmes médicaux, au fur et à mesure qu'il parlait, je sentais mes forces m'abandonner. Cherchant toujours une raison logique, je pensai à une crise d'hypoglycémie comme il m'en arrivait parfois lorsque je m'étais mal nourrie au petit déjeuner. J'avais, à cet effet, du sucre dans mon sac pour me permettre d'arriver alors sans encombre à l'heure du déjeuner. Mais, ce jour-là, le sucre ne fit pas son effet salvateur et je me retrouvai bel et bien évanouie sur la moquette du magasin. Mais ce qui me sembla «bizarre», c'est lorsque, quelques semaines plus tard, ce monsieur revint prendre de mes nouvelles et m'invita à déjeuner. Et là, en plein repas, je sentis encore mes forces m'abandonner. S'il lit ces lignes, il comprendra pourquoi j'ai terminé le repas en regardant le fond de la salle de restaurant. Intuitivement, j'avais compris qu'il était responsable de mon malaise et je m'arrangeai pour faire un barrage entre ses vibrations et les miennes.

Plusieurs fois, ce phénomène se reproduisit et je compris la relation entre la présence de certaines personnes et mes malaises. Je m'aperçus également que certains lieux me mettaient également mal à l'aise.

Mais, direz-vous, vous êtes devenue médium comme cela, du jour au lendemain ? Avec le recul, je me rends compte qu'il a toujours existé, en moi, des intuitions que j'ai maintes et maintes fois refoulées. Plusieurs fois, dans ma vie professionnelle ou de couple, j'ai eu des «avertissements» que je n'ai pas suivis car cela n'avait aucun fondement logique. Ce n'est que ces dernières années que j'ai compris combien mes ressentis d'alors étaient justes.

Je me souviens, par exemple, qu'à chacune de mes grossesses, je «savais» qui j'attendais : garçon ou fille. Et lorsque mes enfants étaient malades, j'appelais le médecin en lui disant pour quelle maladie il devait se déplacer. Un jour, celui-ci, sans doute agacé ou peut-être amusé, me dit : *Je ne sais pas pourquoi vous me faites venir puisque vous savez ce qu'ils ont.* Mais je croyais qu'il en était ainsi pour toutes les mères du monde.

De même, lorsque, à la suite d'un accident, Jean-Yves s'est trouvé dans le coma, je «savais» qu'il s'en sortirait. Plus tard, lors d'un autre accident, je désirai le voir quitter l'établissement dans lequel il était hospitalisé. Je «savais» que c'était plus grave que ce que pensait le chirurgien local. En effet, quand, huit jours après, je réussis à l'emmener à Paris, on s'aperçut que ce médecin avait recousu une plaie en y laissant un infime morceau du pot d'échappement de la voiture dans laquelle mon fils s'était cogné. Outre la gangrène débutante, il y avait également rupture des ligaments du genou.

Il m'arrivait, quelquefois, en passant à côté de

quelqu'un, de penser à un nom de maladie mais je n'avais jamais pu vérifier mes intuitions. Comment dire à un inconnu, dans la rue : *C'est vrai que vous avez un cancer ?* Je mettais cela sur le compte de cette fameuse imagination que mes professeurs me reprochaient tant. Et puis, dans mon travail, mes collaboratrices avaient remarqué que, lorsque je parlais d'une personne, aussitôt celle-ci téléphonait ou arrivait...

Enfin, je terminerai par l'histoire des rats, dans notre maison de campagne. Je me suis plainte, pendant des années, de la sarabande que ceux-ci menaient dans le grenier. Lorsque je changeai de chambre, je n'entendis plus rien. Je pensai que nous avions, enfin, trouvé le bon raticide. Ce n'est qu'en découvrant, en 1986, les phénomènes de médiumnité, que j'en parlai à mon plus jeune fils. Et celui-ci de répondre : Des rats ? Mais moi, je ne peux m'endormir sans mettre mon walkman sur les oreilles. Et il y a même des pas dans l'escalier. Quelque temps après, les voisins m'apprirent qu'il y avait eu un suicide, dans cette maison, avant qu'elle n'appartienne à notre famille.

Je devais donc me rendre à l'évidence et l'admettre : je suis médium !

# LA MEDIUMNITÉ

*Le monde spirituel*
*est en contact ininterrompu*
*avec le monde matériel,*
*l'un ne cessant d'agir sur l'autre.*
Allan KARDEC.

Pour comprendre la médiumnité, il faut se pencher sur la constitution réelle de l'homme. Pendant des siècles, pour le commun des mortels, l'homme est formé d'un corps, domaine du médecin, et d'une âme, domaine du clergé. La liaison entre les deux fait partie des mystères que Dieu nous révélera après notre mort... si nous avons été bien sages.

Par contre, on s'aperçoit que les traditions anciennes ou orientales en savaient un peu plus. Ainsi, les Egyptiens parlaient déjà de l'existence de quatre corps. C'est que, en fait, il existait deux enseignements différents : l'un exotérique, pour le peuple, et l'autre ésotérique, pour les seuls Initiés. On trouve ces deux enseignements chez les Grecs, les Celtes, les Kabbalistes, les Soufis... La «science sacrée» ne pouvait être enseignée à tous car elle est incompréhensible sans une préparation préalable. Elle était transmise oralement dans les Ecoles de Mystères. Chez nous, cet enseignement a été rejeté par l'Eglise, au XVIIIe siècle, mais a survécu en secret : Rose-Croix, Francs-Maçons, Théosophes... en sont détenteurs. Ces enseignements donnent accès à la véritable connaissance des lois de l'Univers.

Ces enseignements ésotériques, c'est-à-dire cachés - qui, d'ailleurs, le deviennent de moins en moins au fur et à mesure que nous entrons dans cette ère nouvelle qu'est l'ère du Verseau -, nous apprennent que l'homme est constitué de sept corps s'emboîtant les uns dans les autres, à la façon des poupées russes. La plus petite des poupées, celle qui est à l'intérieur, représente le corps que nous connaissons le mieux : le corps physique. Avec les trois suivants - éthérique, astral et mental -, il constitue les quatre corps inférieurs. Les trois supérieurs - causal, buddhique et atmique - appartiennent déjà au plan divin.

L'Univers étant, lui aussi, constitué de vibrations de longueur d'ondes différente, va, lui aussi, être décomposé en cette même classification. La plupart des médiums puiseront leurs informations dans l'Astral, et nos grands Visionnaires, dans le Causal.

Le corps éthérique a des vibrations plus rapides que le corps physique dont il épouse les contours. Il reçoit l'énergie du Cosmos et la retransmet au corps physique. Il constitue cette frange lumineuse que l'on peut voir autour de tous les êtres vivants : plantes, animaux ou humains. Elle sera plus ou moins intense selon la vitalité de la personne. C'est elle que les peintres figuraient, jadis, comme une sorte de halo lumineux autour de la tête des Saints. Cette énergie peut être photographiée maintenant par la technique Kirlian. C'est dans le corps éthérique que se manifestent en premier lieu nos dérèglements physiologiques avant même qu'ils n'apparaissent dans notre corps. C'est pourquoi les médiums peuvent vous les annoncer avant qu'ils ne vous soient révélés par des symptômes physiques. C'est donc le siège de notre santé. Les Esprits qui désirent se manifester utilisent l'énergie du corps éthérique du médium : ce qui explique la fatigue de celui-ci après une manifestation.

Je voudrais souligner ici l'importance du sommeil dans notre vie car c'est durant celui-ci, et surtout la nuit, que le corps éthérique se recharge et recharge ou répare notre corps physique fatigué par le travail ou les soucis quotidiens. S'il a cette faculté, c'est parce qu'il s'est alors dégagé des deux corps suivants (astral et mental). C'est ainsi que, durant les années qui ont précédé mon divorce, accablée de soucis de toutes sortes, je passais tous mes moments de liberté à dormir. Au début des vacances, en Corse, il m'est arrivé de dormir presque une semaine de suite, jour et nuit, ne me levant que pour les plus strictes obligations familiales. Cela me permit de ne jamais prendre de médicaments.

Le corps astral, également appelé corps émotionnel, est encore plus subtil. Ses vibrations sont encore plus fines. C'est par lui que se font les contacts avec l'Au-Delà. Comme son nom l'indique, il est le siège de nos émotions, de nos désirs, de nos sentiments. Durant notre sommeil, ce corps se déplace, voyage, réintègre notre corps physique au moment de notre réveil. Nous connaissons tous cette notion de malaise lors d'un réveil trop brutal : c'est notre corps astral qui a mal repris sa place. C'est lui qui nous permet de rêver. Il est responsable de la télépathie. La nuit, notre corps astral va se promener dans le Cosmos. Certains, tels Anne et Daniel Meurois-Givaudan, ont la capacité de se souvenir de ce qu'ils ont vu et nous en font profiter dans leurs récits.

Le corps astral fait la connection entre le physique et le spirituel. J'ajouterai qu'il est l'Inconscient des psychologues. C'est dans ce corps subtil que sont stockées toutes les informations, positives ou négatives, qui influencent notre vie. C'est là que sont enregistrés tous les événements de notre vie et ceux de nos vies antérieures. C'est donc sur lui que l'on travaille lors de la programmation en pensée positive.

Ensuite vient le corps mental qui pourra vibrer de façon plus ou moins rapide, suivant notre manière d'être. C'est le siège de tous les processus mentaux : pensée, raisonnement, mémoire, imagination. C'est notre «moi» inférieur.

L'ensemble de ces quatre corps constitue la nature inférieure de l'homme : sa personnalité. Ensuite viennent les trois corps supérieurs. Ce sont eux qui constituent notre «moi» véritable. Ce sont successivement : le corps causal ou mental supérieur qui correspond à l'Ame ; puis le corps buddhique et l'atmique. Pour simplifier, on donne souvent à l'ensemble de ces trois corps le nom de Corps Spirituel.

Les médecines orientales connaissent, depuis des siècles, l'existence de ces différents corps ainsi que toute une anatomie subtile de l'homme. A chaque organe physique existe une correspondance au niveau du corps éthérique.

Celui-ci puise l'Energie de l'Univers - appelée Prana, en Inde, Chi, en Chine, ou encore Ki, au Japon -, pour nous la diffuser grâce à un système de canaux appelés Nadis, en Inde, et Méridiens, en Chine. Bien que Nadis et Méridiens ne soient pas exactement superposables, ils ont la même fonction de transmission de l'Energie.

Parmi ces très nombreux canaux, les Hindous notent l'existence de trois principaux. L'un central, nommé Sushuma, est parallèle à la colonne vertébrale. Les deux autres, latéraux, partent du périnée et remontent vers la tête en s'enroulant trois fois autour du canal central. Ils s'appellent respectivement Ida et Pingala. Cette configuration nous rappelle le caducée - l'emblème médical - avec ses deux serpents enroulés en spirale autour d'un bâton ailé.

Cette anatomie subtile note également la présence de sortes d'entonnoirs dont la pointe est tournée vers le corps physique. Ce sont des tourbillons coniques d'énergie dénommés chakras. Les sept principaux sont étagés le long de la colonne vertébrale ; ils correspondent chacun à une glande endocrine et ont une fonction bien particulière. Il est également admis qu'il leur correspond une couleur de l'arc-en-ciel. Ce sont respectivement et de bas en haut :

● le premier, chakra-racine ou de base (appelé Muladhara en Inde), situé au niveau du périnée, entre le sexe et l'anus, est relié aux glandes surrénales. Il est responsable de l'ancrage du corps sur le plan physique, de notre capacité de vivre dans la matérialité. Sa couleur est le rouge.

- le deuxième, chakra sacré (Swadhistana en Inde), situé sous le nombril, est relié aux glandes sexuelles. Il est encore appelé Hara au Japon. C'est sur lui qu'est basée la discipline de l'énergie dans les arts martiaux. Il est responsable de tout ce qui a trait à la sexualité, à la reproduction et aussi à la créativité. Sa couleur est l'orange.
- le troisième, chakra du plexus solaire (Manipura) est situé, lui, au-dessus du nombril, et est relié au pancréas. C'est le centre de la communication avec l'extérieur. Il est directement lié à notre vie émotionnelle. Son dysfonctionnement, dû aux stress de la vie moderne, est responsable des ulcères à l'estomac. Sa couleur est le jaune.
- le quatrième, chakra du coeur (Anahata), situé sous le sternum, est relié au thymus. C'est le centre de l'amour sous toutes ses formes. Il joue un rôle d'équilibre entre les trois premiers et les trois suivants. Sa couleur est le vert.
- le cinquième, chakra de la gorge (Vishudda), situé à la base du cou, est relié à la thyroïde. C'est le centre de la communication et de notre expression personnelle. Sa couleur est le bleu.
- le sixième, chakra frontal ou troisième oeil (Ajna), situé à la base du front, entre les sourcils, est relié à la glande pituitaire. C'est le centre de l'intuition, de la concentration, de la visualisation, donc des perceptions extrasensorielles. Il est en sommeil chez les êtres rationnels. Sa couleur est l'indigo.
- le septième, chakra-couronne (Sahasrara), situé au sommet du crâne, est relié à la glande

pinéale. Il permet la réception des énergies spirituelles. Il est le siège de l'imagination créatrice, de la conscience, de la connexion spirituelle. Il permet la jonction avec les autres dimensions. Sa couleur est le violet. Son ouverture est dirigée vers le haut, au contraire du chakra-racine qui est dirigé vers le bas, alors que les autres sont ouverts sur le devant.

Les Hindous ont une jolie expression pour appeler les chakras. Ils les comparent à la fleur du lotus et les nomment aussi respectivement lotus aux quatre pétales, aux six pétales, dix, douze, seize, quatre-vingt-seize puis mille pétales indiquant ainsi la différence d'énergie passant au travers.

Au niveau du chakra-racine se trouve une énergie endormie appelée Kundalini. Elle pourra être «éveillée» par certaines pratiques, telles que le yoga ou la respiration, ayant pour but de la faire monter jusqu'au chakra-couronne au travers du canal central et créer ainsi la jonction avec l'Energie Cosmique : c'est alors l'illumination.

Pour développer la médiumnité, certains parlent «d'ouvrir» le sixième chakra. C'est une expression impropre. Il n'existe pas un petit robinet permettant d'ouvrir ou de fermer, à volonté, notre capacité intuitive. Ouvrir ses chakras correspond à faire un travail d'harmonisation de l'énergie de façon à ce qu'elle puisse couler librement, sans aucun blocage. Ceux d'entre vous qui seraient désireux de mieux connaître le fonctionnement des chakras peuvent se reporter aux nombreux ouvrages qui traitent actuellement de la question, par exemple «Le Manuel des chakras», de Sharamon et Bajinski, ou «La Science des chakras», de Daniel Briez.

Nous l'avons compris, les médiums utilisent les capacités de leur corps astral et de leur sixième chakra pour servir d'intermédiaires entre notre monde et le monde astral. Pour Allan Kardec et l'Ecole Spirite, nous sommes tous médiums. Pour ma part, je pense que nous sommes tous médiums en puissance : nous avons toutes capacités en nous mais toutes nos potentialités ne sont ou ne seront pas révélées dans cette vie. Par contre, ainsi que le dit Georges Morranier, si nous ne sommes pas tous médiums, nous y serons tous un jour avant de terminer nos incarnations.

Pour Georges Morranier, toujours, c'est l'Invisible qui choisit les médiums suivant des caractères très précis d'évolution spirituelle, d'excellente santé et d'équilibre nerveux. Ceux-ci sont d'ailleurs très souvent soumis à des tests pour mettre leur système nerveux à l'épreuve. Mais s'ils sont protégés, ils peuvent également être, en quelque sorte «persécutés» tant qu'ils n'ont pas compris et accepté la mission qui leur est confiée. Ce fut le cas, par exemple, du célèbre guérisseur brésilien Arigo qui soigna des milliers de malades, incorporé par l'esprit de différents médecins de l'Au-Delà et en particulier par celui du docteur Fritz, médecin allemand décédé en 1918. Celui-ci fit savoir à Arigo, au travers de rêves, *qu'il entendait terminer, par son intermédiaire, ce qu'il n'avait pu finir de son vivant.* Tant que celui-ci refusa - catholique, le clergé lui parlait de possession démoniaque et il accepta même un exorcisme -, il présenta de nombreux troubles : hallucinations, cauchemars et maux de tête épouvantables.

Tous les médiums n'ont pas les mêmes capacités et ils ont souvent à travailler un domaine qui leur est propre. Pour l'un, ce sera, par exemple, la radiesthésie ; pour un autre, la voyance. Un autre pratiquera l'écriture médiumnique et, là, il faut distinguer l'écriture automatique de l'écriture intuitive.

Dans le premier cas, la main du médium est guidée par l'entité. C'est ainsi que travaille le médium dont parle Lino Sardos Albertini, dans son livre «L'Au-Delà existe». La lecture n'en est pas toujours facile car les mots peuvent être reliés les uns aux autres. L'écriture est parfois de haut en bas, ou à l'envers, à déchiffrer dans une glace... Mais la pensée de l'entité ne peut alors être déformée.

Dans le deuxième cas, le médium retranscrit ce qu'il reçoit par transmission de pensée et l'on peut alors craindre une interprétation et une déformation des messages suivant la personnalité du médium. J'ai ainsi rencontré une personne qui a couvert des cahiers entiers de soi-disant messages l'incitant à se méfier de ses voisins. Inutile de dire qu'elle vivait dans la solitude la plus absolue. C'est par cette forme d'écriture qu'Hildegarde de Bingen rédigea ses fameux traités.

Certains médiums ont des dons artistisques et sont dirigés par des artistes de l'Au-Delà. Ce fut le cas du peintre Augustin Lesage et de la pianiste Rosemary Brown.

Au début du siècle, Augustin Lesage est mineur - depuis l'âge de douze ans -, dans le nord de la France, lorsqu'il entend, dans la mine, une voix lui disant : *Un jour, tu seras peintre.* Il croit à une plaisanterie mais, plusieurs jours de suite, la même voix se fait entendre et lui donne des indications précises sur ce qu'il doit faire et sur le matériel à se procurer. Et il se met à peindre... des fresques égyptiennes avec des hiéroglyphes encore inconnus à cette époque (1911). Il continue ainsi pendant des années, refusant de vendre ses toiles car, disait-il, *elles ne m'appartiennent pas, elles sont dictées par l'Au-Delà.* Les scientifiques le soumettent même à l'épreuve de peindre, sur une scène, devant cinq cents personnes, la tête recouverte d'un sac. La toile merveilleuse qu'il peint de la sorte montre bien qu'il est guidé. En 1932, il se rend en Egypte où il expose ses oeuvres. Il visite alors la pyramide de Ramsès II qui vient d'être découverte et tombe à genoux devant la tombe de Mena, un tailleur de pierre. Il avait trouvé la tombe de celui qui l'incorporait et, sur les murs du tombeau, il put admirer une fresque dont la toile exposée au Caire, sous le nom de «La Moisson», est l'exacte copie, toile peinte avant l'ouverture du tombeau.

Rosemary Brown vit à Londres. Enfant, elle étudie un peu le piano. Elle a sept ans lorsque Franz Liszt lui apparaît et lui dit que, plus tard, il lui dictera de la musique. En effet, dans les années soixante, elle reçut en médiumnité, de nombreuses oeuvres de Liszt mais aussi de Chopin et d'autres compositeurs. Les spécialistes internationaux reconnaissent, à chaque fois, la facture de ces différents musiciens.

Certains médiums agissent souvent dans

une sorte de transe. Ils ont alors un comportement différent de celui qu'ils ont dans la vie courante. C'était le cas du guérisseur Arigo.

D'autres médiums sont exorcistes, c'est-à-dire qu'ils affrontent les êtres du Bas-Astral qui restent accrochés aux vivants et les dérangent. Il s'instaure alors un dialogue entre le médium et l'entité pour lui faire lâcher prise. On rencontre souvent ces pratiques dans les cercles spirites brésiliens.

J'aimerais, ici, raconter une expérience qui m'est arrivée lors d'une séance de spiritisme que nous avons effectuée avec quelques amis. Nous avons capté la mère défunte de l'une de nos parentes qui nous dit : *X... est malade. Elle va enfin payer.* Nous étions médusés. Je me suis alors souvenu que cette dame était morte, brouillée avec sa fille. Il s'établit entre nous un dialogue où nous avons réussi à lui faire prendre conscience de la valeur du pardon. Ce fut long et difficile. Nous notions ses hésitations mais, avec de la patience, nous y sommes arrivés. Ce fut, pour nous tous, une expérience extraordinaire où nous nous sommes rendus compte que l'aide entre les deux mondes ne se fait pas uniquement dans le sens de l'Au-Delà vers la Terre mais qu'il y a une véritable interaction entre les deux mondes.

Enfin, pour clore ce chapitre, je dirai que la médiumnité n'est pas l'apanage du seul règne humain puisque, vous vous en souvenez, ma chatte, Lady, a été la première à détecter la présence de mon amie Françoise chez moi. Les animaux, et surtout les chats, sont d'excellents médiums.

CHAPITRE 4

# VA, TU PEUX LE SOIGNER

# OU LE POUVOIR DE GUÉRISON

*Par mon Nom*
*ils imposeront les mains aux malades*
*et ils seront guéris.*
MARC (16-18)

# VA, TU PEUX LE SOIGNER

*Le domaine du mystère est celui qui*
*nous promet les plus belles expériences.*

EINSTEIN.

En 1985, Yaguel Didier voyait que *le milieu médical allait devenir très important pour moi*, et une autre voyante m'imaginait *présidente d'un syndicat médical.* Lorsque, professionnellement, on s'occupe de commerces de prêt-à-porter et de lingerie féminine, il semble complètement improbable que de telles prédictions soient réalisables. Je n'y attachai donc aucune importance.

Début 1987, je venais de lire le livre de Maguy Lebrun, «Médecins du Ciel, médecins de la Terre», lorsque je participai à ma première séance de spiritisme. J'étais surtout captivée par la vision de ce verre qui se déplaçait sous l'impulsion d'une force invisible. Il n'y avait aucune supercherie possible. Mais je n'étais pas absolument convaincue : était-ce réellement un Esprit qui se manifestait ? Etait-ce notre propre pensée qui faisait se déplacer le verre ? Je n'admis vraiment la première solution que lorsque, à plusieurs reprises, les réponses obtenues ne furent pas celles que nous attendions.

Durant cette séance, un médecin de l'Au-Delà vint dire que je soignerai. Ce n'était pas vraiment ce que je désirais. J'aurais bien préféré savoir si le chiffre d'affaires de mes magasins allait augmenter.

Les mois passaient. Et c'est vers la fin de

l'année que je fis la connaissance d'un médecin homéopathe. Sa fréquentation m'ouvrit des horizons nouveaux sur la façon d'envisager la maladie. Comme je cherchais toutes les occasions pour rompre ma solitude, j'acceptai, un soir, de participer à une réunion avec quelques-uns de ses amis. Ce médecin avait des ennuis avec le Conseil de l'Ordre et cherchait à se faire appuyer par un comité de soutien. Il fallait un président : Je fus désignée d'office. J'étais, paraît-il, la présidente idéale : pas de mari, plus d'enfant à la maison, aucune attache avec le milieu médical, etc. Tiens ! Les prédictions de 1985 qui se réalisent...

J'apprends alors qu'il existe, en France, des associations pour faire connaître les médecines «différentes» ; que, dans notre pays, certaines thérapies sont interdites alors qu'elles sont utilisées légalement chez nos voisins européens. Je découvre plein, plein de sujets passionnants : l'homéopathie uniciste et le répertoire de Kent, l'auriculomédecine, l'ostéopathie, l'acupuncture, l'aromathérapie, la phytothérapie, les élixirs du docteur Bach, la médecine chinoise, la médecine ayurvédique, la médecine anthroposophique, etc. Et bien d'autres choses encore. Et, surtout, je découvre que, dans toutes ces médecines, on n'isole jamais le corps de son contexte âme-esprit.

L'expérience vécue par Maguy et Daniel Lebrun m'avait interpellée. J'entendais beaucoup parler d'eux et cela me donna l'idée de regarder d'un peu plus près ce qu'était le magnétisme. Mes mains m'avaient toujours paru particulières : elles sont parcourues de nombreuses et très fines petites lignes parallèles à la longueur des doigts et j'enviais les mains bien lisses où l'on ne remarque que quelques grandes lignes. Mais jamais je n'aurais pensé que ces mains-là étaient capables de transmettre quelque chose.

Les manuels m'apprennent alors qu'il existe des tests très simples pour savoir si l'on possède du magnétisme. Ces expériences peuvent se pratiquer sur des oranges, des fleurs, de la viande ou même du poisson. Leurs caractères pseudo-scientifiques m'amusent et je choisis de m'exercer sur des oranges. N'ayant guère confiance en mes capacités, je préférais éviter viande et poisson. Je craignais les odeurs que cela aurait pu engendrer dans la maison. Et puis, je dois l'avouer, je ne voulais pas faire comme un certain ami dont je m'étais moquée, jadis, et qui, entre parenthèses, prend maintenant sa revanche.

Je disposai donc deux oranges dans deux soucoupes. Il y avait l'orange A qui allait être magnétisée et l'orange B qui servait de témoin. Tous les jours, je mettais mes mains quelques instants au-dessus de l'orange A sans rien faire de particulier. Je pensais simplement qu'une énergie sortait de mes mains et se dirigeait vers le fruit. L'orange B pourrit rapidement tandis que, à ma grande surprise, l'orange A resta brillante et belle.

Ensuite, je m'exerçai sur des roses, trouvant très agréable l'idée de me fabriquer des bouquets de fleurs séchées à bon marché. Eh ! oui, cela marchait. Mais de là à me prendre pour magnétiseuse, pour guérisseuse, il y avait plus qu'un pas, un fossé même, que je n'aurais pas eu l'idée de franchir.

Pourtant, quelque temps plus tard, ma petite chatte, Lady, que j'ai déjà conduite plusieurs fois chez le vétérinaire pour des débuts d'occlusion intestinale, présente à nouveau les mêmes symptômes. C'est l'occasion idéale pour tester mes capacités. S'il n'y a pas de résultat, je l'emmènerai chez le vétérinaire. Je lui fais donc quelques passes au-dessus du ventre et, quelques instants plus tard, je la vois se lever et courir se libérer dans le jardin. J'étais ravie jusqu'au moment où mon fils eut tôt fait de rabattre mon enthousiasme. L'expérience n'était pas valable puisqu'il n'y avait pas de «chat-témoin» comme pour l'orange.

Encore une fois, les mois passent. Mes commerces m'absorbent. Les affaires marchent mal. J'ai, si je puis dire, «d'autres chats à fouetter». Et c'est ainsi que j'arrive au 21 octobre 1988. Je suis à une réunion de commerçants, à Tours. L'un de mes magasins appartient à un groupe national : c'est ce que l'on appelle un magasin en franchise. Comme souvent dans ce système, les premières années ont été prospères puis des erreurs dans le choix des collections, au niveau du groupement d'achats, ont amené des difficultés que nous ressentons tous. Le groupe vient d'être racheté par un autre groupe plus important. On doit nous présenter le nouveau P.D.G. Celui-ci arrive avec plus d'une heure de retard. Inutile de dire que je ne suis guère satisfaite, d'autant que j'ai plus d'une heure de route pour rentrer. Après nous avoir expliqué les miracles qu'il allait accomplir pour redresser la situation, il se lève et nous entraîne vers la salle contiguë pour un cocktail.

Et c'est alors que, en le regardant, s'impose à moi l'idée : *Cet homme est malade.* Ah ! Oui ! Et alors ? Et aussitôt après : *Nicole, va... Tu peux le soigner.*

Imaginez la situation ! Une réunion de commerçants... Un homme que je ne connais pas, à qui je n'ai jamais adressé la parole. Et il s'impose encore dans mon esprit : *Nicole, va... Tu peux le soigner.* Et ma raison qui me dit : *Nicole, tu deviens complètement folle.* Mais je vais vers lui et voici notre dialogue :

Moi : Monsieur, vous êtes malade ?

Lui : Oui, cela se voit ?

Moi : Je ne sais pas mais je sais que vous êtes malade et que je peux vous soigner.

Lui : J'ai une grippe carabinée ; 40° de fièvre, peut-être ; plus de jambes. Je devais partir demain pour Hong-kong. Je ne vais pas pouvoir.

Moi : Mais si, monsieur, vous partirez car je vais vous soigner.

Lui : Ah ! Bon... vous avez des comprimés...

Moi : Non. J'ai mes mains.

Lui : Ah ! Ma secrétaire me bassine avec ce genre de choses. Je n'y crois pas ! Mais je ne sais pas pourquoi, j'ai confiance en vous...

Et nous voici à la recherche d'une salle vide. Je lui demande de s'asseoir et lui mets les mains de part et d'autre de la tête. Et, au bout d'un moment, je pense que cela doit suffire et je lui dis : *Vous savez, Monsieur, cela doit marcher mais c'est la première fois que je le fais.*

*Alors, si cela ne va pas mieux, je recommencerai avant votre départ.*

Et nous retournons dans la salle de cocktail. Le temps pour lui d'arriver au buffet et je le vois prendre une coupe de champagne et s'écrier : *Mais je n'ai plus rien...* Le lendemain, il s'envolait pour Hong-kong.

Pour ma part, j'étais bouleversée. Je fus obligée d'aller m'asseoir. Je ne sais trop comment j'ai fait la route de retour pour Châteauroux. J'étais sur un petit nuage. J'allais maintenant pouvoir soulager la Terre entière. J'éprouvais un immense bonheur. Dans les mois qui suivirent, je soignai des eczémas, des brûlures, des maux de tête et même un zona ophtalmique. C'est à cette époque que je fis la connaissance de Françoise. Elle m'appelait quand elle n'allait pas bien et disait se sentir mieux.

Il fallait que je l'admette également : je suis guérisseuse !

# LE POUVOIR DE GUÉRISON

*La maladie est, dans son essence,*
*le résultat d'un conflit*
*entre l'âme et l'esprit.*
Docteur E. BACH.

Dire que vous êtes guérisseuse n'est pas chose facile lorsque, pendant des années, vous avez eu une vision cartésienne de la vie. Vous vous apercevez alors que les humains peuvent être répartis en trois grands groupes :

● Il y a d'abord ceux - que je comprends d'autant mieux que j'en ai fait partie pendant très longtemps - qui vous regardent d'un air narquois, avec une lueur amusée dans les yeux. *Tous les fous ne sont pas enfermés. Mais, au moins, elle n'est pas dangereuse,* pensent-ils. Ou alors ceux qui ont été vos amis. *La pauvre, elle ne s'est pas remise de son divorce. Nous allons la retrouver dans une secte.* Ceux-là n'ont aucune information, ils ne veulent d'ailleurs pas en avoir et ils tranchent car ils sont persuadés de détenir la vérité.

● Puis il y a la deuxième catégorie, ceux qui pensent aussitôt que vous allez les soulager de toutes leurs misères. Pour eux, vous avez un POUVOIR. Et, sans aucun esprit critique, ils attendent tout de vous. C'est par l'admiration, les flatteries que cette catégorie leur porte, que certains guérisseurs - ou voyants - oublient que ce pouvoir ne leur appartient pas et qu'ils ne sont qu'un outil, qu'un intermédiaire.

● Enfin, la troisième catégorie - hélas, encore la moins importante - qui prend conscience, si elle ne l'a pas déjà fait, qu'il existe une autre réalité. Cette catégorie juge sur les faits, sur sa propre expérience. Elle sait utiliser son discernement et faire la différence entre un vrai guérisseur et un charlatan.

Le vrai guérisseur ne va jamais vous promettre de miracles. Il sait que la guérison ne dépend pas de lui, mais de vous. La maladie est un avertisseur, un signal d'alarme. Votre corps vous indique, de cette façon, qu'il y a dysharmonie dans votre vie. La médecine classique, qui ne soigne que le symptôme, déplace seulement le problème. *Tout malaise ressenti dans votre corps ou dans votre vie est un message que vous avez dévié de votre véritable Moi,* écrit Anne-Barbara Brennan, dans «Le Pouvoir bénéfique des mains».

Il vous est possible toutefois d'utiliser un guérisseur comme un comprimé d'aspirine. Je m'explique. Vous avez mal à la tête, vous pouvez prendre un comprimé d'aspirine. Ou si votre estomac ne supporte plus l'aspirine, vous pouvez préférer consulter un guérisseur. Avec lui, votre mal de tête disparaît sans maux d'estomac. Mais si vous ne cherchez pas la raison profonde de votre mal de tête, il n'y aura pas de guérison véritable. Vous aurez à nouveau mal à la tête. Et vous serez obligé de retourner chez votre guérisseur, ou chez un autre.

Mais alors, direz-vous, où devons-nous chercher la cause de nos maladies ? Il faut la chercher dans cette notion indissociable : celle de Corps-Ame-Esprit.

Je vous ai déjà parlé du corps ou plutôt des

différents corps. Vous vous en souvenez, il existe cet ensemble de trois corps : le corps spirituel dont je vous ai dit qu'il appartenait au Divin. C'est la partie de nous-même rattachée à la Source Créatrice, à la Lumière, au Cosmos, à l'Esprit, et celui-ci n'est jamais malade. C'est la vibration la plus fine qui soit.

Et l'Ame ? Tout le monde en parle. Qui n'a pas utilisé l'expression populaire «J'ai du vague à l'âme» en ressentant un malaise indéfinissable ? L'Ame, c'est le principe qui relie notre Corps à l'Esprit. Elle est le pont entre nous et la Source. C'est notre Conscience. Elle sait ce que nous sommes venus faire sur terre. C'est notre Mémoire. Lorsque nous restons sourd aux messages qu'elle nous transmet, en provenance de notre Moi supérieur, c'est la maladie qui apparaît. Ces notions sont très bien développées dans «La Mafia médicale», de Guylaine Lanctot, ou dans les différents livres du Docteur Janine Fontaine.

Il existe différentes sortes de guérisseurs. Dans nos campagnes, beaucoup de personnes possèdent un «don» qui leur a généralement été transmis par un aïeul. Chacun a sa spécialité : *la Marie panse les brûlures* et c'est *le père André* que vous allez voir pour *barrer un zona*. Le «don» est toujours transmis à une personne plus jeune. L'ancien indique les gestes et les formules secrètes où se mêlent quelques mots d'un latin très approximatif, le sens réel en ayant été perdu et déformé par des siècles de transmission orale. On pense aussi que, *lorsque l'on donne le «don», on le perd soi-même*, ce qui fait que, en général, on le communique le plus tard possible et que, souvent, on l'emporte dans la tombe.

Quelques personnes ont des connaissances plus approfondies en radiesthésie ou en magnétisme et soignent, après leur journée de travail, aussi bien les animaux que leurs maîtres et c'est souvent à l'âge de la retraite qu'elles deviennent guérisseurs à temps plein. Souvent, ceux-ci soignent avec les plantes dont ils ont une bonne connaissance également. Par contre, ils sont souvent eux-mêmes malades car ils ont pour croyance que l'on ne peut vraiment aider les autres sans *prendre le mal*. En fait, travaillant avec leur propre magnétisme, ils donnent toute leur énergie. Beaucoup de personnes soignent également par les prières, comme celles de L'Abbé Julio, de Dom Bernardin, ou utilisent celles des «Rituels de magie blanche», de Benjamin Manasse.

Et puis, il y a aussi les rebouteux qui remettent membres et nerfs déplacés. Et d'autres, plus rares, qui pratiquent les désenvoûtements. J'en reparlerai dans un autre chapitre.

De nos jours, il existe un autre type de guérisseurs. Ce sont ceux qui agissent en tant que Canal ou transmetteur de l'Energie Cosmique. Ils travaillent par imposition des mains et vont agir sur les corps subtils. Ils vont rétablir l'harmonie des corps énergétiques et, suivant leurs propres vibrations, ils travailleront sur les corps éthérique, émotionnel ou mental, voire spirituel. Jésus était ainsi directement branché et en permanence relié à la Source (à son Père, disait-il), ce qui explique ses guérisons miraculeuses.

Ce guérisseur ne s'épuise pas, il ne travaille pas avec sa propre énergie puisqu'il transmet celle de l'Univers. Il aura l'attitude dont parle Oswald Wirth dans «L'Imposition des mains». *Le magnétiseur ne sera qu'un instrument. Il faut une sorte de passivité active. Il faut avoir la sagesse, l'honnêteté, le courage de constater notre impuissance d'homme.*

Il y a également des guérisseurs qui travaillent «incorporés» par un médecin du Ciel. Nous avons déjà vu le cas du Brésilien Arigo. En Europe, le plus célèbre est Georges-William Chapman, cet Anglais dont Bernard Hutton raconte l'histoire dans «Il nous guérit avec les mains».

Né dans une famille très pauvre, il exerce différents métiers (pompiste, docker, pompier). Après la mort d'une petite fille, il s'intéresse au spiritisme et aux sorties hors du corps. C'est ainsi qu'il entre en communication avec le docteur Lang, médecin ophtalmologiste décédé en 1937. L'existence d'un docteur Lang, chef d'un service d'ophtalmologie, à Londres, et fondateur de la Société Royale d'Ophtalmologie, en 1881, a été vérifiée. Celui-ci, ayant appris, après sa mort, les techniques chirurgicales sur corps astral, décida de continuer à aider l'humanité au travers d'un médium préparé à cet effet. Ce fut Chapman.

Lorsque je rencontre M. Chapman, à Paris, en août 1993, il est âgé de soixante-douze ans. Prévenue de son fort accent du Pays de Galles, je désirai me faire accompagner par une interprète. Les circonstances firent que je fus obligée d'y aller seule. Me souvenant de l'aventure d'une de mes amies qui avait «compris» ce que lui disait un moine tibétain alors qu'elle ne parlait évidemment pas un mot de tibétain, j'allai à ce rendez-vous avec confiance. Je comprendrai bien ce que j'avais besoin de comprendre. Les consultations étant commencées depuis plus d'une heure, Chapman était déjà en transe lorsque l'on m'introduisit dans une toute petite pièce, juste éclairée par une lampe de chevet. Au centre se tenait un très vieux monsieur, très droit, à la barbe et aux cheveux très blancs : le docteur Lang.

A peine entrée, j'entendis : *Bonjour, mon petit !* Je suis incapable de dire si cette phrase fut réellement prononcée et en quelle langue mais je l'intégrai entièrement en moi, de même que je compris que je devais m'asseoir sur le tabouret qui se trouvait devant lui. La consultation fut extrêmement rapide. J'étais venue pour ma myopie. Seul, l'emplacement de mon troisième oeil sembla l'intéresser, ainsi que mon genou droit où je ressentais une légère douleur depuis le matin même.

Quelque temps auparavant, j'avais soigné une voisine d'un torticolis. Elle n'avait ressenti aucun soulagement immédiat mais, une demi-heure plus tard, elle eut l'impression qu'une main s'approchait de son cou, tirait quelque chose et, aussitôt, sa tête put bouger sans aucune douleur. J'avais alors soupçonné l'intervention d'un médecin de l'Au-Delà. Je demandai donc si, ce jour-là, j'avais reçu l'aide du docteur Lang. Suivit un assez long discours que j'intégrai parfaitement malgré le débit rapide et l'accent. Ce dont, habituellement, je suis incapable. Il en ressortait *que ce n'était pas le docteur Lang qui était intervenu ; qu'il existe beaucoup de médecins dans l'Au-Delà ; qu'ils m'aident et que je connaîtrai le nom de mon Guide lorsque je serai plus avancée dans mon évolution.* Et il ajouta plusieurs fois : *You are healer. It's your way* (Vous êtes guérisseuse. C'est votre voie.).

Actuellement, en France, c'est par l'intermédiaire de Maguy et Daniel Lebrun que nous connaissons bien l'action des médecins du Ciel. Les vrais guérisseurs philippins, tel Agpaoa dont parle le docteur Janine Fontaine, sont eux aussi aidés par des médecins du Ciel. Agpaoa dit *qu'il ouvre les corps au moyen de la Force Spirituelle qui agit au travers de lui lorsqu'il opère.* Il parle de son «Protector» qui, à la question : *Alors, je n'ai rien fait. C'est toi qui a tout accompli,* lui *répondit : Aucun de nous deux, Antonio. Mais la Main qui est présente dans toutes les mains. Car Dieu est partout.*

Une question peut venir aussi à l'esprit : les guérisseurs ont-ils une constitution particulière? Georges Morranier nous a dit que l'Invisible choisit ses médiums parmi les êtres en excellente santé. Les guérisseurs agissant en tant que Canal de l'Energie Cosmique seront donc des personnes de bonne constitution, tant physique que nerveuse.

En radiesthésie, il existe de nombreuses échelles de mesure pour tester les vibrations, c'est-à-dire la longueur d'ondes des radiations émises par ce qui nous entoure : objets, plantes, animaux, lieux... et, bien sûr, les êtres humains. La plus connue porte le nom de son inventeur : c'est l'échelle de Bovis. Elle est graduée en Angström. Le corps physique de l'homme en bonne santé émet une radiation de longueur d'ondes voisine des 6 500 Angströms, voire plus. Le corps physique des guérisseurs émet des radiations situées entre 11000 et 14000 Angströms, et quelquefois plus.

Pour la moyenne des individus, une radiation de 6000 Angströms correspond à un état de fatigue ; en dessous, ce sont des problèmes de santé. Toutefois, un individu dont l'état vibratoire normal est de 11000 Angströms, sera fatigué bien avant d'atteindre les 6000 Angströms. Pour lui, la fatigue peut apparaître, par exemple, dès 10000 Angströms.

Ces vibrations émises par les êtres vivants correspondent à ce que l'on nomme l'aura et qui peut d'ailleurs être photographié (effet Kirlian). L'aura d'un guérisseur est plus étendue que celle de l'individu moyen. Et la nature de ses vibrations peut expliquer que l'on se sente bien, tout simplement par sa seule présence. Nous avons tous fait cette expérience de nous sentir plus ou moins bien, suivant la personne dont nous nous approchons. Ce ressenti provient du fait que notre aura, que nos propres vibrations ont pénétré le champ vibratoire de l'autre et nous percevons ainsi son état vibratoire. Ceci explique pourquoi, à une époque, je ressentais de violents malaises en présence de certaines personnes. Ceci explique également pourquoi nous sommes mal à l'aise en certains lieux.

Certaines particularités d'un thème astrologique peuvent aussi donner des indications concernant la possibilité éventuelle de développer des capacités de guérisseur. On remarque, par exemple, que de nombreuses personnes travaillant dans les secteurs de la santé, sont nées ou ont leur ascendant en signe d'eau (Poissons, Verseau...). La position des planètes par rapport à la Maison VI (celle de la santé) ou de la Maison XII (celle du dévouement, de la compassion, du service à autrui) ainsi que l'influence de Neptune seraient à considérer. N'étant pas spécialiste, je ne m'étendrai pas sur la question d'autant que c'est toujours l'ensemble d'un thème qui est à retenir.

Une autre question se pose aussi : Comment se propage l'action du guérisseur ? En France, à ma connaissance, il n'y a pas beaucoup d'études scientifiques sérieuses menées sur les guérisseurs. Mais les savants, avec la physique quantique, se rendent compte maintenant qu'il n'y a pas opposition entre l'Esprit et la Matière. Ils arrivent à avoir une vision plus cosmique du monde, vision qui était celle des civilisations anciennes. Le docteur Léonid Vassiliev, physiologiste et père de la Parapsychologie en Russie, écrivait : *La découverte des énergies associées aux phénomènes parapsychologiques sera importante, plus que celle de l'énergie atomique.* C'est cette énergie, dont nous avons déjà parlé, que les Chinois connaissent sous le nom de Chi, et les Hindous de Prana.

Pour l'académicien et professeur de médecine soviétique Vlail Kasnatcheyev : *Si l'énergie semble bien passer du guérisseur au patient, elle ne paraît pas assez puissante pour agir directement sur l'organisme et lui rendre la santé ; mais elle est suffisante pour porter des signaux qui programmeront les réactions de défense du corps humain et amèneront la guérison.*

Le docteur Bernard Grad, de Montréal, montra que des plantes arrosées avec de l'eau ayant subi, pendant quelques instants, l'imposition des mains du célèbre guérisseur Oskar Estabany, poussaient beaucoup plus vite et mieux que celles arrosées avec de l'eau ordinaire.

Ces expériences amenèrent le docteur Smith, du Roswel Memorial Institute (important centre américain de recherche), titulaire de licences de mathématiques, de chimie physique et d'un doctorat de biologie, à penser que si le guérisseur a une action sur les cellules, il doit en avoir une également sur les enzymes responsables des échanges cellulaires. Mme Smith fit faire des expériences à Estabany sur une enzyme appelée trypsine. L'enzyme était, au départ, contenue dans des flacons scellés. L'observation montra une augmentation de l'activité enzymaire semblable à celle observée lors de l'exposition à un important champ magnétique.

Elle refit l'expérience avec trois autres guérisseurs et obtint des résultats allant tous dans le même sens, mais de valeur différente suivant le guérisseur. Les enzymes étant des catalyseurs des réactions de notre métabolisme, l'action du guérisseur irait donc dans le sens d'une accélération des réactions. Je trouve ces expériences particulièrement importantes car elles montrent bien que le guérisseur n'agit pas, ainsi que beaucoup de détracteurs le soutiennent, par la suggestion.

La pensée, il est vrai, et nous le verrons plus loin, a un rôle important. Le guérisseur est là pour donner le coup de pouce dont le malade a besoin. Son action pourra être d'activer celle des remèdes prescrits par le médecin. Cependant, le malade ayant tout pouvoir sur sa vie, s'il ne désire pas, au fin fond de son être, retrouver la santé, aucun guérisseur ne sera assez puissant pour la lui rendre. Il faut également que le guérisseur intervienne avant que la dégradation cellulaire ne soit trop importante.

On pourrait même dire que la pensée du malade est plutôt un handicap qui n'existe pas lorsque le guérisseur traite des plantes ou des animaux. Ceux-ci n'ayant aucun a priori, réagissent particulièrement bien et rapidement à l'imposition des mains du guérisseur... et se souviennent toujours de celui qui les a aidés à retrouver la santé : un animal manifeste toujours sa joie de revoir celui qui l'a soulagé.

Je pense même qu'ils savent, à l'avance, l'intention de la personne qui vient vers eux pour les soigner. J'ai eu récemment une expérience qui va tout à fait dans ce sens. A la demande d'une amie, j'ai accepté d'aller soigner un vieux loup qui avait de l'eczéma. Lorsque nous sommes arrivées, le propriétaire des animaux était absent. Nous nous sommes cependant approchées de l'enclos où se trouvaient une dizaine de loups. Ne sachant lequel il fallait soigner, j'ai appelé mentalement le loup malade et, seul parmi tous, le vieux loup s'est détaché du groupe et est venu près du grillage où je me trouvais. Il m'a tendu le flanc, restant près de moi tout le temps de la transmission de l'Energie.

CHAPITRE 5

# LA CRÉATION DE LA LIBRAIRIE...

# OU LE HASARD N'EXISTE PAS

*Le hasard, c'est Dieu*
*qui passe incognito.*
EINSTEIN.

# CRÉATION DE LA LIBRAIRIE...

*Tout hasard*
*est un bonheur qui t'échoit.*
K.O. SCHMIDT.

On s'en souvient, nous sommes restés en avril 1989, lorsque mon arrière-grand-père Auguste me rappelait sévèrement à l'ordre : *Qu'est-ce que tu veux encore savoir ? On t'a déjà tout dit.* Les mois avaient passé et si j'avais vendu mon premier magasin avec facilité, il n'en était pas de même avec le second. Je possédais encore deux boutiques, situées dans la même rue, l'une au numéro 7, l'autre au numéro 29. J'avais décidé de vendre la première car j'avais arrêté l'activité commerciale de ce magasin et je commençais à avoir de sérieuses difficultés pour payer les loyers d'un local que rien ne rentabilisait. Comme je l'ai déjà dit, j'avais très vite trouvé un acheteur mais la vente ne se réalisa pas, et ensuite, je reçus énormément de visiteurs. Mais rien ne se concrétisait.

En novembre, je décidai d'arrêter les démarches, la période de fin d'année n'étant pas propice à ce genre de transaction. Et, début décembre, un acheteur se présenta... mais pas pour le magasin que je désirais vendre. Il voulait le numéro 29, celui que, justement, je ne voulais pas vendre dans l'immédiat puisque j'y exerçais encore une activité. Mes difficultés financières aidant, je réalisai, en une nuit, qu'il valait mieux accepter. Je décidai donc de transporter mon commerce au numéro 7, après avoir fait quelques travaux de façade. Ce qui réalisait une prédiction de février 1987 : *Vous refaites des plans.* Et il y avait juste vingt-neuf mois depuis la vente du premier magasin. Ne m'avait-on pas dit: *Vous mettrez entre vingt-quatre et trente mois après la vente du premier, pour refaire des tractations concernant un autre commerce.*

Ayant vendu deux magasins et ne voulant nullement tenir compte du fait que l'on ne m'avait jamais parlé de la vente du troisième, je mis immédiatement le dernier en vente. J'avais ressentis un tel bonheur, à Tours, après avoir soigné notre P.D.G., que je savais que ma voie devait être l'aide aux autres. Seulement, quelque temps après, je rencontrai un guérisseur spirituel qui m'expliqua que je ne devais être que «Canal» et que si je mettais de la volonté, du pouvoir dans ce que je faisais, j'allais me créer du mauvais karma pour une vie future. Je reviendrai plus loin sur cette notion. J'eus alors très peur et décidai que je n'étais pas prête à soigner de cette façon-là. Par contre, Françoise semblant être soulagée, simplement par l'intonation de ma voix, je pensai que la Sophrologie serait une excellente technique pour moi. Je me suis donc inscrite à la Faculté Libre de Médecines Naturelles de Paris pour suivre cette formation. Et puis, pensez donc, Nicole, sophrologue, c'était plus facile à dire que Nicole, guérisseuse. Au moins, là, il y avait une sorte de reconnaissance officielle. J'aspirais donc à être libérée le plus rapidement possible de ce commerce qui me pesait de plus en plus. Les visiteurs se succédaient mais, une fois encore, rien ne se concrétisait.

Il me vint alors à l'esprit qu'il devait y avoir quelque chose que je ne comprenais pas. Je devais, quelque part, faire fausse route. Toutes mes lectures, tous les enseignements montraient que, lorsque l'on est sur la bonne voie, les événements s'enchaînent facilement et semblent se mettre en place naturellement. Ce n'était vraiment pas le cas dans cette affaire. Je n'allais donc pas dans la bonne direction. Puisque je n'arrivais pas à vendre ce local, c'est qu'il y avait certainement quelque chose qui m'échappait.

Et, soudain, je me revoyais, quelques années en arrière, au printemps 1983 : J'avais besoin d'un pas-de-porte pour ouvrir une boutique de prêt-à-porter franchisé et il me fallait l'aval du franchiseur. Celui-ci, visitant notre ville, s'arrêtait net devant ce fameux numéro 7 et s'écriait : *Madame, c'est là que vous devez être.* Je connaissais cet emplacement qui appartenait à l'un de mes amis et je savais qu'il était loué pour encore une vingtaine de mois. Je ne voulais pas attendre si longtemps. Un peu déçu, le franchiseur me donnait l'autorisation d'ouvrir dans un autre endroit. Mais, quelques jours avant la signature, le notaire me signalait un empêchement important. Déçue à mon tour, je me penchai immédiatement sur les annonces du journal local, à la recherche d'un nouvel emplacement. Et je découvrai que le numéro 7 était à céder, la locataire ayant un problème de santé. C'est ainsi que je devins moi-même occupante de ce fameux numéro 7.

Je comprenais que cette boutique m'avait, en

quelque sorte, été imposée. N'était-ce pas curieux? Ce local, qui était soudain devenu libre et, depuis deux ans, cette impossibilité de m'en séparer. Fallait-il vraiment que je le vende? Que devais-je comprendre? Que devais-je exactement en faire? Il n'était pas question de chercher de l'aide auprès d'un médium : la dernière tentative de ce côté-là me l'avait clairement fait comprendre.

Je décidai donc d'essayer d'entrer, moi-même, en communication avec mes amis de l'Au-Delà. En rentrant chez moi, je me mettrai en méditation et j'attendrai. J'eus à peine le temps de me mettre en position de méditation qu'il se passa quelque chose d'extraordinaire. J'eus l'impression qu'une idée m'entrait dans la tête, exactement comme si elle descendait du Ciel, et cela avec une force incroyable :

*Ouvre une librairie ésotérique...*

J'étais à la fois abasourdie et effrayée par ce qui venait de m'arriver. Une telle idée ne m'était jamais venue à l'esprit. Non... Non... Non, cela n'était pas possible. Je ne voulais plus être commerçante. Je voulais être libre. Je ne voulais plus connaître les problèmes d'échéance de fin de mois. Je voulais être sophrologue. Et puis, je ne connaissais rien au métier de libraire.

Ces quelques moments de révolte passés, je me grondai vertement : *Voyons, Nicole, tu demandes de l'aide. Le Ciel te l'envoie et maintenant tu refuses. Qu'as-tu retenu des leçons apprises ces dernières années ? C'est peut-être une occasion de mettre en application ce fameux lâcher-prise dont tous les enseignements vantent les mérites. Tu l'as pourtant déjà expérimenté maintes et maintes fois, ces dernières années, et tu sais que cela marche.*

Bien. Pas de panique. Je commençais déjà à abdiquer en partie et je me livrais à une sorte de marchandage : *D'accord, si vraiment Vous voulez que j'ouvre une librairie ésotérique, je veux bien. Mais, finalement, j'ai peut-être mal compris* (Quelle mauvaise foi !), *alors comme je n'y connais rien, je ne fais rien, je ne bouge pas tant que vous ne m'aurez pas envoyé d'autres informations. Je vais juste être à l'écoute de ce qui va se présenter à moi dans les prochains jours.*

J'ai souvent remarqué que lorsque l'on cherche à comprendre avec beaucoup de sincérité et de bonne volonté, la réponse arrive apparemment toute seule. C'est ce que j'appelle les petits clins d'oeil du Hasard !

Je décidai donc d'attendre. Le week-end suivant, j'allais à mes cours mensuels de Sophrologie. Et chaque professeur, chaque personne que je côtoyais, pendant ces deux jours, me parlaient de librairie ésotérique. Il n'en avait pas été de même aux cours précédents. Et je rentrai à Châteauroux avec des adresses que je pouvais contacter pour obtenir des renseignements sur la profession. Ce n'était certainement pas une voie facile. Mais n'était-ce pas une façon de faire connaître tout ce qui m'avait aidé à mieux vivre, depuis ces dernières années. J'avais, en quelque sorte, accepté.

L'enseigne ARC-EN-CIEL s'imposa immédiatement à moi, en souvenir de ce premier merveilleux clin d'oeil que m'avait adressé le Ciel, un jour de désespoir. Cependant, un ami jeta le doute en mon esprit. Pour lui, ce genre de librairie devait porter un nom très mystérieux. Au fond de moi, je n'étais pas d'accord : il fallait une enseigne facile à retenir que tout un chacun comprenne et sache interpréter comme un signe d'espoir. Cependant, connaissant les qualités en matière de publicité et de promotion commerciale de cet ami qui, comme on dit, «a réussi dans les affaires», je me demandai si je n'aurais pas intérêt à suivre ses conseils.

La nuit suivante, je me réveillai à une heure du matin, incapable de me rendormir. J'ouvris donc, au hasard, un livre qui traînait sur ma table de nuit, «Le Symbolisme du corps humain», d'Annick de Souzenelle. Et je lus : *Le déluge est immédiatement suivi de l'établissement d'une nouvelle alliance entre Dieu et sa création. L'Arc en la Nue en est le signe.*

Le lendemain, nouveau réveil, à la même heure. Cette fois-ci, c'est le livre du Docteur Janine Fontaine, «La Médecine du Corps Energétique» que j'attrape. Et le hasard me le fait prendre par la fin où elle reproduit la très belle méditation du guérisseur philippin Agpaoa: *Il y a bien longtemps, l'homme naquit d'un ARC-EN-CIEL, reflet du coeur de Dieu. Aussi était-il en résonance parfaite avec Dieu. Cette communication était parfaite et chaleureuse.*

Ainsi, deux nuits de suite, j'ai été guidée par mes lectures vers le mot arc-en-ciel. C'est donc bien le nom qui convenait à la librairie qui ouvrit ses portes le 7 juin 1991.

Je me souvins alors de la prédiction de Yaguel Didier, en 1985 : *Je vous vois entourée de livres. Je ne sais pas si vous avez des livres chez vous. Vous allez être envahie par les livres.*

A l'époque, je ne possédais que très peu de livres, ayant laissé la bibliothèque à mon mari lors de notre séparation, et l'usage du présent m'avait induite en erreur. Il avait fallu six années avant que cette vision ne devienne réalité.

# LE HASARD N'EXISTE PAS

*Il y a toujours des signes et des gens*
*pour nous montrer le chemin*
*quand on est prêt à les suivre.*
Agnès WHISTLING ELK
(Elan siffleur).

Pour la première fois, j'étais pleinement consciente que ces événements ne pouvaient provenir de simples coïncidences. Il me semblait vraiment reconnaître une sorte de programmation. Il avait fallu que je m'installe à cet endroit et, surtout, que j'y reste. Et j'étais située au numéro 7. Ce chiffre qui, je venais de l'apprendre, est le chiffre sacré entre tous.

Cette sorte de programmation, était-ce cela que l'on appelle la Volonté Divine ?

Une autre histoire me marqua profondément. En 1987, lorsque je lus le livre de Jackie Landreaux-Valabrègue, «La Médiumnité», j'étais en plein dans mon enquête et je découvrais avec stupeur qu'elle avait écrit le livre que je souhaitais faire. J'eus alors très envie de la contacter. Mais c'est en 1989, lors de la lecture de son deuxième livre, «Le Grand Choix», que je reçus véritablement un choc. Dans celui-ci, elle nous raconte son histoire : écrivain, journaliste, elle se rend, un jour, par curiosité, à la salle Psi de la rue des Gâtines - qui m'avait d'ailleurs été conseillée par Mme M. - et, là, elle est mise sur la piste d'un médium qui, pendant quelques mois, lui transmet des messages de son père décédé lorsqu'elle avait quatorze ans. Au fur et à mesure de la lecture, j'ai de plus en plus envie de lui écrire. Et, presqu'à la fin, le livre me tombe des mains : le château de ses ancêtres est situé au Mesnil-Saint-Denis, pays de mon propre arrière-grand-père Auguste ! Là, je ne résiste plus et j'écris. Lors de notre première conversation téléphonique, Jackie m'apprend que le château du Mesnil appartenait en fait à ses cousins mais que sa famille directe est originaire de Lévis-Saint-Nom. C'est encore plus extraordinaire. Mon arrière-grand-mère Victorine est, elle aussi, originaire de Lévis-Saint-Nom (Le Mesnil-Saint-Denis et Lévis-Saint-Nom sont deux communes voisines, en région parisienne).

Jackie est donc issue des châtelains, moi des bûcherons. Et nous avons toutes deux reçu le même message : *Tu dois écrire pour prouver qu'il y a une autre vie.*

Peut-on croire encore au hasard après de telles coïncidences ?

Si, à un moment de votre vie, vous avez la curiosité de consulter un bon astrologue et un bon numérologue, votre croyance en l'existence du hasard sera complètement battue en brèche. Vous serez très surpris de constater avec quelle justesse votre caractère est ainsi mis à jour, et je ne vous parle pas de l'étonnement d'y trouver aussi inscrit les grands événements de votre vie. Dans le thème de mon fils, Jean-Yves, on lit ceci : *Certains aspects montrent la possibilité d'exercer sa profession dans des lieux isolés. Les activités de plein air sont privilégiées. La profession peut être en relation avec le fer et les grands animaux.* Dès l'enfance, il a eu une passion pour les chevaux et il est maréchal-ferrant. Il vit seul dans un petit village corse. Plus loin, on peut lire encore : *D'autres aspects nous incitent à une mise en garde contre des risques d'accidents en rapport avec la vitesse et le feu. Les jambes, les chevilles et les pieds peuvent être tout particulièrement exposés et il y a des menaces sur sa vie dans l'enfance et l'adolescence.* Tous ceux qui le connaissent admettront la justesse de cette étude.

Lorsque je racontai ma vie à une amie numérologue, elle s'écria : *Tu as certainement un chemin de vie 5 et un excès de 5 dans ta grille d'inclusion.* Calculs faits, j'ai bien un chemin de vie 5 et un excès de 5 dans ma grille d'inclusion. Si l'astrologie nécessite des études longues et ardues, vous pouvez vous-même vérifier mes dires par la numérologie qui est d'une approche facile avec «L'ABC de la numérologie», de Jean-Daniel Fermier.

Dans ma vie, ces dernières années, mon attention a été de plus en plus attirée par des faits qui arrivent sans raison apparente mais qui, tous, vont dans le sens de me confirmer quelque chose. Mais comme je ne sais pas mieux me faire comprendre qu'avec un exemple, je vais encore vous raconter une histoire.

Un jour, un ami médium me dit : *Tu as vécu en Egypte et tu en auras la preuve d'ici peu.* Mes réflexions sont les suivantes : *Bon, je veux bien.*

*Mais comment pourrais-je en avoir la preuve ? Et, d'ailleurs, mes soi-disant vies antérieures ne me préoccupent pas vraiment. J'ai bien assez à faire pour gérer celle-ci !*

Par contre, je trouve étrange que ma mère, quelques jours plus tard, apparemment sans raison, m'offre un scarabée en turquoise pour que je le fasse monter en bague. Et quand, le dimanche suivant, enfermée dans mon séjour - portes et fenêtres closes, depuis la veille, afin de conserver un peu de fraîcheur -, en train de faire de la comptabilité, il tombe sur mes genoux un insecte que je prends pour un scarabée doré (sans doute une cétoine, insecte qui lui ressemble beaucoup), et lorsque vous savez que le scarabée, dans l'Egypte ancienne, était le symbole indiquant la transformation de l'âme. Alors, croyez-moi, vous commencez à vous poser des questions.

En physique mécanique, j'avais appris qu'il faut toujours chercher la cause de l'effet. Mais, dans cette succession de faits, où se trouve la cause ? Quel est le lien entre ces différents événements ? Qui ordonnance ces signes qui semblent vouloir me ramener vers l'Egypte ?

Le psychologue Jung est le premier à avoir analysé ces faits qui ne semblent pas obéir aux lois normales de la causalité. Il les appelle «faits synchronistiques». Et ce qu'il nomme ainsi synchronicité l'amène à admettre des connexions toutes particulières entre le Visible et l'Invisible. Il découvre l'existence d'un formidable réservoir d'informations où tout est inscrit et qu'il nomme l'Inconscient Collectif. Ce n'est, ni plus ni moins, ce que les anciennes traditions connaissaient depuis longtemps sous des noms différents. C'est, par exemple, l'Akasha ou les Annales akashiques des bouddhistes. C'est l'Astral des ésotéristes. C'est ce que les Mayas comprenaient aussi lorsqu'ils disaient : *Tout est Mémoire.* C'est dans cet Inconscient Collectif que notre propre Inconscient va puiser des informations qu'il nous rapporte sous forme de symbole dans les rêves.

*La synchronicité,* écrit le docteur Roussel, du Québec, *c'est un concept unitaire, la manifestation d'une force où la psyché, sans tenir compte des frontières de l'organisme, agit sur l'environnement, c'est-à-dire qu'il y a coïncidence significative, et non hasard !*

Dans notre monde visible, tout est signe, tout est symbole. A nous de savoir les décrypter. Paulo Coelho, auteur de «L'Alchimiste», dit : *L'histoire de chacun de nous est inscrite dans le grand livre de la nature. Les signes sont des passages que nous déchiffrons.* Les chamans le savent bien, eux qui nous ramènent une connaissance qui leur vient de la nuit des temps. Ces signes sont partout, il suffit d'accepter de les VOIR, suivant le titre d'un ouvrage de Castaneda.

Et là, je ne peux m'empêcher de raconter une autre histoire. En début d'année, j'ai décidé de chercher une personne pour m'aider à la librairie. Je pense contacter une jeune femme que je n'ai pas vue depuis plusieurs mois mais auprès de laquelle, deux ans auparavant, j'ai ressenti que ce serait bien de travailler avec elle. N'ayant pas son numéro de téléphone et pas envie d'écrire, un certain lundi matin, j'envoie la pensée suivante : *Si elle peut convenir, Dites-lui de venir me voir.* Le mercredi après-midi suivant, c'est avec plaisir que je la vois franchir le seuil du magasin. Il faut signaler qu'elle n'y vient pas souvent et de façon fort irrégulière.

J'engage aussitôt la conversation et j'apprends qu'elle n'aura plus d'emploi à partir du 10 mars. Que cela tombe bien ! J'ai besoin d'elle au plus tard le 19, date à laquelle je dois partir au Mexique. Je crois que je verrai longtemps son air étonné lorsque je lui proposai du travail.

Et pour cause : le mardi soir, elle regardait, à la télévision, une interview de la journaliste Véronique Skavinska, auteur du livre «Rendez-vous sorcier avec Castaneda», ce qui lui donna l'envie de relire cet ouvrage qu'elle a aimé. Le mercredi matin, en le prenant, elle ne peut empêcher son esprit de vagabonder. *Dans quelques jours, elle sera sans emploi. Que va-t-elle faire en cette période de chômage ? Si seulement elle savait dans quelle direction faire des démarches.*

Elle ouvre le livre au hasard et lit : *Dirige-toi vers la grande librairie ésotérique.* Je vous assure, c'est écrit, vous pouvez le vérifier, à la page 109. Et Solange, appelons-la par son prénom, de trouver cela bizarre : *Je ne connais pas de grande librairie ésotérique. Je n'en connais qu'une toute petite. Je vais aller y faire un tour.* Mais elle était loin de penser qu'elle y aurait une proposition de travail.

Où est donc, ici encore, la cause logique de ces événements ? On ne peut en trouver si l'on continue à penser qu'il n'y a aucun lien entre

Matière et Esprit, entre Visible et Invisible. C'est Jacobo Grimbert-Zylberbaum, dans «Rencontre avec des chamans du Mexique», qui en donne une explication si claire que je vais la transcrire dans son intégralité : *La physique quantique contemporaine commence à considérer l'existence de différents niveaux de réalité, comme l'ont affirmé, depuis des siècles, nos mystiques indiens. En mécanique quantique, on admet qu'à un niveau élémentaire, les objets semblent déconnectés les uns des autres, sans rien qui les unifie. Pourtant, au niveau de réalité suivant, ce qui paraissait déconnecté s'unifie. Cela veut dire que chaque niveau de réalité est plus connecté que son précédent... Les événements synchronistiques fournissent un exemple de l'application, dans notre vie courante, des principes de corrélation accrue... Celui qui sera capable de vivre la réalité à partir de niveau de corrélation maximale, pourra détecter comme événements du présent ce qui, à des niveaux inférieurs, appartient ou bien est vécu comme appartenant au futur. La conduite prophétique et oraculaire de certains mystiques et chamans s'explique de cette manière.*

Nous comprenons ainsi, si nous voulons VOIR et COMPRENDRE davantage les signes qui se présentent à nous, la nécessité de nous RELIER davantage, de nous UNIFIER davantage. Tout est dans Tout mais aussi Tout est dans l'Un.

Georges Morranier, que j'aime citer car, dans l'Au-Delà où il se trouve, il a gardé toute la logique et la clarté du physicien qu'il était parmi nous, nous explique qu'il faut distinguer deux sortes de faits synchronistiques. Il y a ceux qui sont dus à l'action de ceux qui vivent dans une autre dimension et qui ont pour mission de nous aider. C'était le cas, par exemple, lorsque les photos étaient déplacées, dans ma chambre. Et il y a ceux remarqués par une personne connectée à un niveau supérieur et capable de «se brancher» sur une autre réalité. C'est le cas des mystiques qui se relient directement au Champ de Force que l'on peut appeler Divin.

Mais encore, qu'est-ce que le Champ Divin ? Pour essayer de l'appréhender, ce que seuls les mystiques réussissent de leur vivant, nous allons maintenant nous pencher sur les récits de toutes ces personnes qui sont revenues des portes de la mort, celles qui ont vécu des N.D.E., des «Near Death Experiences». Nous pourrons lire, à ce sujet, les ouvrages du Docteur Moody et du Docteur Elisabeth Kubbler-Ross, ainsi que celui de la Française Anne-Sarah Mercier, «La Mort transfigurée». Ces récits content les mêmes étapes, jusqu'à la rencontre avec un Etre de Lumière. Elles savent qu'elles ne sont pas en présence de Dieu mais elles sont conscientes d'être dans un monde harmonieux, un monde d'AMOUR. Elles n'ont pas envie de revenir sur terre et de quitter cette vibration d'amour qui les entoure. A partir de ce moment, leur vie a été complètement changée : elles ont une vision tout à fait nouvelle du monde. Leurs récits sont tous semblables, quelle que soit leur appartenance religieuse ou philosophique, et se rapprochent étrangement des visions de nos plus grands mystiques. Tous ont, avec certitude, le sentiment d'avoir rencontrer l'amour à l'état le plus pur et beaucoup parlent d'AMOUR DIVIN.

Et si j'avais eu raison, dans mon enfance, de refuser ce Dieu vengeur, comptable de nos péchés, que l'Eglise d'alors voulait me faire craindre ? Dieu est ce Champ d'Amour Cosmique qui nous entoure tous et Il est aussi en nous. Ce qu'illustre parfaitement ce vieux conte hindou :

*Au commencement, les hommes étaient des dieux mais ils abusèrent de leur divinité. Brahma, le maître des dieux, décida alors de leur retirer leur pouvoir divin et chercha une cachette où ils ne puissent le trouver. Après avoir vainement cherché, Brahma dit : «Voici ce que nous ferons de la divinité de l'homme. Nous la cacherons au plus profond de lui-même car c'est le seul endroit où il ne pensera jamais à chercher.»*

*Depuis ce temps-là, conclut l'histoire, l'homme a fait le tour de la terre, il a exploré, escaladé, plongé et creusé, à la recherche de quelque chose qui se trouve en lui.*

CHAPITRE 6

# TU AS ÉTÉ DRUIDE GUÉRISSEUR

# OU LA RÉINCARNATION

*Par l'éclat du jour*
*Par la nuit s'enténébrant*
*Ton seigneur ne te congédie*
*Pas plus qu'il ne te déteste*
*Et il est sûr que ta vie dernière*
*Vaudra mieux pour toi que la première.*
CORAN (Sourate XCIII)

# TU AS ÉTÉ DRUIDE GUÉRISSEUR

*Et lui (Jean-Baptiste), si vous voulez m'en croire, il est cet Elie qui doit revenir.*
MATTHIEU (XI-14).

Peu de temps après ma rencontre avec la voyance, on me conseilla la lecture des livres de Lobsang Rampa et plus particulièrement «Le Troisième Oeil». C'est par elle que je fis ma première approche de la réincarnation. Je lisais : *Au Tibet, nous croyons fermement à la réincarnation. Nous pensons qu'un être qui a atteint un certain degré d'évolution, peut choisir soit de vivre sur un autre plan d'existence, soit de retourner sur terre pour accroître ses connaissances ou pour aider les autres.*

Jusqu'à présent, je ne m'étais pas du tout documentée sur cette théorie qui, sans rien y connaître, me paraissait complètement farfelue, digne seulement de peuplades peu évoluées. Confondant réincarnation et métempsychose, je ne pouvais concevoir que nos âmes puissent revenir dans le corps d'un animal. Et pourtant, l'enseignement catholique m'avait semblé incompatible avec la Justice Divine. Mais je n'avais pas eu idée de chercher ailleurs.

On s'en souvient peut-être, il m'avait été dit que j'avais vécu en Egypte. Mais cela m'importa peu. Par contre, mes différentes lectures sur la question me passionnèrent et j'adhérai très rapidement, totalement, à cette théorie. Ne dit-on pas que lorsqu'on adhère à quelque chose avec autant de certitude, c'est la preuve que nous l'avons déjà appris dans une autre vie ? Enfin, je trouvais une raison logique à notre passage sur cette terre. J'avais appris que certains praticiens, tel Patrick Drouot, peuvent nous aider à retrouver nos vies antérieures en nous faisant atteindre des états modifiés de conscience. Mais, comme je l'ai déjà dit, je croyais qu'il fallait, en priorité, s'occuper des problèmes de cette vie-ci. Je pensais que seules les personnes ayant des problèmes insurmontables - ce qui ne me paraissait pas être mon cas - avaient intérêt à fouiller dans leurs vies passées. Mais j'étais consciente que cette vie-ci était la résultante de toutes les précédentes.

Ces états modifiés de conscience, nous les connaissons tous sans souvent le savoir. Nous avons tous expérimenté ces moments, juste avant de trouver le sommeil. Nous ne sommes plus vraiment éveillés et nous ne sommes pas encore complètement endormis. Des études ont montré que notre cerveau vibre alors en ondes Alpha, ondes différentes de celles de l'état de veille et de l'état de sommeil. Nous voyons alors des images ou des scènes défiler derrière nos paupières closes... à condition, bien sûr, d'être assez détendus pour ne pas ruminer les soucis de la journée écoulée. Ces images, jadis, je les attribuais, comme beaucoup de choses, à ma fameuse imagination. Et j'apprenais maintenant qu'elles provenaient peut-être de réminiscences d'autres vies. Pour moi, ce sont souvent des visions de paysages chauds et arides, de dunes ensoleillées.

Nos rêves, surtout s'ils sont récurrents - c'est-à-dire si nous faisons souvent le même rêve - peuvent être aussi des rappels de vies antérieures. Enfant, j'ai souvent rêvé d'une femme en longue robe noire, à côté d'une carriole renversée, un cheval blessé, dans le fossé d'une route en pente. Et lors d'une séance de relaxation, j'ai revu cette femme, toujours vêtue de cette longue robe noire, mais à cheval, cette fois-ci, grimpant la pente d'une montagne qui ressemblait beaucoup à celles de Corse, ce pays que Jean-Yves et moi aimons tant. Je suis d'ailleurs certaine que ce dernier y a déjà vécu. A onze ans, en découvrant le petit village du Cap Corse où il vit actuellement, il s'écria : *C'est là que je veux vivre.*

Evidemment, tout ceci ne nous apporte que des présomptions, pas des preuves. Mais peu importe.

Un architecte-géobiologue m'avait appris que l'on peut savoir où passent les courants d'eau, dans le sous-sol, grâce à un test musculaire simple. Il venait de me faire découvrir la Kinésiologie. En effet, notre corps réagit de façon très sensible à toutes «perturbations». Lorsque vous tendez votre bras, en maintenant une certaine tension, une simple pression sur le poignet permettra au praticien de tester vos réactions. Puisque tout est mémoire, nos cellules ont, elles aussi, tout enregistré de notre vie. Elles ont tout gardé en mémoire, aussi bien les événements agréables que désagréables. Nous avons donc, par cette méthode, la possibilité de connaître l'origine de nos blocages, physiques ou psychiques. La kinésiologie, qui nous arrive des Etats-Unis, nous paraît quelque chose de révolutionnaire mais n'est en fait que la réactualisation d'un test déjà connu de la médecine ayurvédique (le test Omura).

La librairie était ouverte depuis deux ans lorsque je fis la connaissance d'une jeune kinésiologue qui me proposa de me faire expérimenter sa pratique. Je n'avais pas du tout pensé que cette méthode me permettrait de «remonter» jusqu'à mes vies antérieures. Ce qui, pourtant, est logique puisque tout est mémoire.

*Y a-t-il un problème que je n'arrive pas à solutionner ?* Je pense tout d'abord à cette réticence que j'ai maintenant en moi lorsque l'on me demande de soigner. Souvent, je me défile alors que j'ai pourtant eu des résultats encourageants. *Très facile.* Quelques pressions. Et j'apprends que c'est dû à un blocage inconscient. Il ne provient pas de cette vie-ci. *J'ai été blessée au bras droit* (je proteste que je n'ai jamais été blessée). *C'est une blessure faite à l'arme blanche, lorsque j'étais druide guérisseur.* Je n'ai évidemment aucun souvenir conscient mais mon corps en a subi un tel traumatisme que je m'empêche maintenant de soigner. Je n'ai pas envie de subir encore le même sort.

Cela peut tout droit sortir de l'imagination de ma jeune amie. Or je me souviens tout d'un coup que j'ai une hypersensibilité de tout le côté droit. Je n'ai jamais pu supporter aucune piqûre ni prise de sang à droite. De même, cette partie de mon corps réagit douloureusement aux massages et au drainage lymphatique. Lors d'une séance de relaxation, j'ai aussi eu l'impression que tout mon côté droit se rétractait. Curieux, n'est-ce pas ?

Etonnée du résultat, je demandais à faire une autre expérience. *Pourrait-on connaître l'origine de mes problèmes d'argent ?* Rien de plus simple. Nouvelles pressions. Encore un problème dû à mon inconscient. *C'est un problème qui remonte dans ma généalogie familiale à la cinquième génération, du côté paternel.* Je n'ose rien dire à ma jeune amie mais je pense que je ne suis pas plus avancée qu'avant. Et pourtant...

Rentrée à la maison, je me souviens que j'ai, depuis de nombreuses années, l'arbre généalogique de ma famille paternelle, effectué par un cousin de mon père. Je m'aperçois qu'à l'origine de celui-ci se trouve un grand-père du nom de Gomez, et justement, c'est la cinquième génération. J'ai même toute l'histoire de ce grand-père. Ma vie professionnelle montre une étrange similitude avec la sienne. D'abord enseignant, il s'intéresse à la politique puis ouvre un commerce. Mais, au contraire de moi, il fait fortune. Puis sa femme meurt et il se remarie avec une «jeunette» qui semble lui avoir tourné la tête. Il part avec elle, dans le Jura, pays de la demoiselle, et abandonne sa première famille. Il semblerait qu'il laisse ses enfants dans le besoin alors qu'il donne tous ses biens à sa nouvelle épouse ou même à son village.

Ce qui est également très curieux, dans cette histoire, c'est de voir combien, quatre générations plus tard, il y a encore des rancoeurs contre ce grand-père. Le cousin de mon père les laisse transparaître tout au long de son récit. Il semblerait qu'il ait mal utilisé sa réussite financière. Est-ce par orgueil qu'il fait construire un clocher à l'église du village, qu'il fait don d'une fromagerie à la commune, alors qu'il a laissé enfants et petits-enfants dans les difficultés matérielles ? Suis-je ce grand-père Gomez venu comprendre ce que l'on peut ressentir lors des problèmes financiers ? Ou bien n'y a-t-il qu'une mémoire génétique qui me fait percevoir l'argent comme quelque chose qui pourrit l'individu ?

# LA RÉINCARNATION

*Celui qui emmène avec lui des captifs*
*Sera lui-même captif.*
*Celui qui tue par l'épée*
*Périra par l'épée.*

APOCALYPSE (13-10).

Des millions d'êtres humains admettent la réincarnation, d'autres la rejettent. Je n'ai pas la prétention de mettre, ici, toute l'humanité d'accord. Je désire uniquement développer les raisons qui m'ont permis d'adhérer à cette croyance. Celle-ci m'ayant beaucoup aidée dans une meilleure compréhension de l'existence, j'espère seulement que ma quête pourra ainsi permettre à d'autres de mieux comprendre la raison de leur passage sur terre.

La croyance en des vies successives se trouve dans le «Livre des morts égyptiens», dans la Kabbale, dans le Coran, ainsi que dans toutes les Traditions orales : amérindiennes, mayas, celtes... Ainsi, César, parlant des Gaulois, dit : *Ce dont ils cherchent le plus à persuader, c'est que les âmes ne périssent pas mais passent, après la mort, d'un corps à un autre.* Je serai bien incapable de citer Cicéron ou Sénèque, mais il est reconnu que ces penseurs adhéraient à l'idée de la survivance de l'âme et à ses vies successives. Pour Platon, la connaissance aisément acquise est celle acquise dans une vie antérieure.

Bien que, actuellement, certains chrétiens l'admettent, la plupart la rejettent car ce n'est pas un dogme officiel et certains disent que le Christ n'en parle pas dans les Evangiles. Mais Jésus avait-il besoin d'insister sur un fait admis de tous à son époque ? On ne parle pas de ce qui est évident. Il évoque pourtant *cet Elie qui est déjà venu.* Et surtout, il n'arrête pas de dire: *Quoi que vous ayiez semé, vous le récolterez.* Les Pères de l'Eglise admettaient la réincarnation et ce n'est qu'en 553, au Concile de Constantinople, qu'elle fut rejetée, à une très faible majorité. Sans ces quelques voix d'écart, actuellement, une grande partie du monde occidental penserait différemment.

Beaucoup de mouvements dit «hérétiques», tels, par exemple, les Cathares, admettaient la réincarnation et l'ont payé de leur vie. Même au XVIe siècle, il ne faisait pas bon soutenir de telles théories. Giordano Bruno osa écrire, à l'époque : *Comme philosophe, je pense que l'âme n'est jamais dépourvue de corps et peut passer d'un corps à un autre.* Il périt, lui aussi, sur le bûcher. Pourtant, la plupart de nos grands penseurs n'y furent pas opposés.

La plupart également des grandes doctrines ésotériques: Rose-Croix, Théosophie, Anthroposophie... admettent également la réincarnation et il ne faut pas oublier que c'est la base de toutes les religions orientales : bouddhisme, hindouisme, taoïsme...

A la fin du siècle dernier, l'Ecole Spirite, conduite par Allan Kardec, reçut beaucoup de messages amenant peu à peu à une prise de conscience de la réalité possible de cette théorie.

L'un des plus grands médiums de notre temps fut certainement Edgar Cayce, né aux Etats-Unis, dans le Kentucky, en 1877, décédé, épuisé par sa tâche, en 1945. Il avait la faculté extraordinaire de s'endormir à volonté et, dans cet état, de révéler les causes des maladies des personnes pour lesquelles on l'interrogeait, qu'elles fussent présentes ou même à des milliers de kilomètres. Edgar Cayce est remarquable aussi par son extrême honnêteté. Dès qu'il fut convaincu que son don lui permettait d'aider les autres, il accepta de s'en servir mais eut toujours à coeur de vérifier la véracité de ses dires et l'efficacité des traitements qu'il prescrivait. Son entourage eut l'idée de sténographier, de transcrire et surtout de conserver toutes les informations ainsi obtenues. Les chercheurs du monde entier peuvent donc venir consulter ces archives, conservées à la Fondation Edgar-Cayce, à Virginia-Beach. Il semblait réellement lire dans la Mémoire Universelle.

Edgar Cayce, bon chrétien, n'adhérait pas à la croyance en la réincarnation puisqu'elle ne faisait pas partie des enseignements officiels. Il fut donc très troublé lorsqu'il en parla pour la première fois, et ce ne fut pas sans réticence qu'il dut - ainsi que ses proches - se rendre à l'évidence. Je recommande tout particulièrement l'étude très complète que Gina Cerminara fit de ses messages concernant la réincarnation dans son ouvrage «De Nombreuses Demeures». C'est vraiment ce livre qui m'a fait comprendre et admettre cette théorie.

Beaucoup d'autres messages en provenance de l'Au-Delà, - suivant le terme consacré -, propagent l'idée de la réincarnation. D'autres pas. Pourquoi n'y a-t-il pas unanimité ? Il ne faut pas oublier que l'âme arrive dans cette autre dimension avec ce qu'elle a appris sur terre. Il est évident qu'elle ne pourra transmettre que ce qu'elle connaît. Lorsque j'ai lu «L'Au-Delà existe», de Lino Sardos Albertini, j'ai été très surprise de l'orthodoxie catholique dont les messages d'Andréa font preuve. Mais son but est de faire prendre conscience de la survivance de l'âme dans l'autre monde. S'il avait tenu, dans ceux-ci, un langage différent de celui qu'il avait sur terre, son père n'aurait jamais cru en leur véracité. On peut se reporter aux messages que Georges Morranier adressa à sa mère, ils parlent tous de réincarnation.

Une approche intéressante de cette théorie nous est donnée par la technique des régressions sous hypnose. On oublie trop souvent que c'est un Français, le colonel de Rochas, directeur de l'Ecole Polytechnique, qui, le premier, obtint par cette méthode une réminiscence de vie antérieure. C'était au début du siècle. Mais ses travaux tombèrent dans l'oubli, jusqu'en 1954, avec le scandale que provoqua, à l'époque, le livre de Bernstein, «A la recherche de Bridey Murphy». Bernstein, au Colorado, doutait de la véracité des «lectures», comme l'on dit, d'Edgar Cayce. Lui-même passionné d'hypnose, il suggère à l'un de ses meilleurs sujets de retourner au temps avant sa naissance. Et quelle ne fut pas sa surprise d'entendre la jeune femme raconter sa vie, au XIXe siècle, en

Irlande, alors qu'elle s'appelait Bridey Murphy !

Pendant les années qui suivirent, des psychiatres et des psychologues se penchèrent aussi sur les régressions dans les vies antérieures, mais souvent sans oser faire état de leurs travaux de peur de mettre leur carrière en péril. Il faudra attendre les années 80, aux Etats-Unis, pour que des psychiatres osent dire ouvertement que certains troubles psychiques peuvent trouver leur origine dans le souvenir de traumatismes d'une vie antérieure. Ce fut le mérite de Patrick Drouot de rapporter et de faire connaître, en France, ces différentes recherches.

Seul, dans les années 60, le docteur Ian Stevenson, psychiatre au Département de Neurologie et Psychiatrie de l'Ecole de Médecine de l'Université de Virginie, osa parler ouvertement de ses travaux et publia les résultats de ses recherches. Il étudia le cas de personnes ayant, à l'état conscient, des souvenirs de leurs vies antérieures. Il se pencha plus particulièrement sur les enfants, qui gardent fréquemment des souvenirs de leur dernière vie. En Orient, on les écoute. Chez nous, on les fait taire. Ses travaux sont publiés dans un livre intitulé «Vingt cas suggérant la réincarnation».

Mais en quoi consiste donc cette théorie ? La réincarnation est une loi d'évolution. L'âme, créée par Dieu ou, si ce mot vous gêne, par le Champ d'Energie Créatrice, s'incarne ainsi, de vie en vie, pour se perfectionner, pour apprendre une leçon. Pour l'âme, l'évolution est une obligation constante mais elle peut évoluer sur d'autres plans que la Terre. C'est ce que mon arrière-grand-mère Victorine disait de son mari Auguste qui n'était pas toujours à ses côtés: *Lui continue une évolution.* Il y a donc des périodes où l'âme a besoin de l'expérience de l'incarnation. Le but ultime étant d'affiner nos vibrations pour les rapprocher le plus possible des vibrations divines, c'est-à-dire d'Amour. Cette notion de réincarnation nous oblige à admettre l'existence et la permanence d'un Moi supérieur qui garde toutes les expériences en mémoire.

Cette théorie est tout à fait compatible avec les principes de la physique moderne. Fritjof Capra, dans le «Tao de la physique», dit que *l'univers subatomique est une danse continuelle de création et d'annihilation de masse se changeant en énergie et d'énergie se changeant en masse.* N'est-ce pas ce qui se passe lorsqu'une âme s'incarne, redevient esprit, et ainsi de suite?

Dans cette théorie intervient une notion importante, celle de karma, d'un mot sanscrit qui veut dire action et, par extension, on appelle ainsi la plus importante des lois cosmiques : la loi de cause à effet, ou d'action et de réaction. Nous avons vu que tout l'univers est vibration. Si vous jetez un caillou dans l'eau, vous voyez des ondes revenir vers vous sous forme de cercles concentriques. Si vous criez, face à un mur, le son revient aussi vers vous sous forme d'écho. De même, quelle que soit votre action, la réaction reviendra vers vous. Ce retour de votre action est vraiment la loi fondamentale de l'Univers. *Vous récolterez ce que vous avez semé.* Evidemment, il y a des récoltes qui sont plus ou moins longues à obtenir puisque la réaction peut ne pas arriver dans la même vie mais dans une autre. Toute action est comptabilisée, qu'elle soit bonne ou mauvaise. C'est vraiment au travers de la réincarnation que nous prenons conscience de la Justice Divine. C'est une théorie d'espoir et d'optimisme. Si nous avons l'impression que l'injustice règne sur Terre, c'est uniquement parce que nous n'avons pas la vision du plan d'ensemble du Cosmos. Mais, attention, cela ne veut pas dire que nous ne devons pas compatir aux malheurs des autres pour la simple raison que c'est leur karma.

La plupart d'entre nous ne pensons qu'au karma négatif. J'ai tel problème dans cette vie parce que j'ai fait telle mauvaise action dans une autre. Et l'on oublie le karma positif. Car nous arrivons sur terre avec le résultat de nos mauvaises mais aussi de nos bonnes actions. Ainsi, les talents précoces, les aptitudes, les dons sont les acquis positifs d'autres vies. Il y a aussi, ne l'oublions pas, les récompenses karmiques.

Les expériences faites, ces dernières années, nous confirment ce que les religions qui admettent la réincarnation ont toujours dit. Par exemple, Helen Wambach a retrouvé que *l'âme opte pour la matérialisation dans un corps précis, avec une lignée héréditaire précise.* Elle choisit ses parents, son environnement, son pays, en fonction de la leçon qu'elle doit vivre. Pour ce choix, elle est aidée par son Guide. Je vous assure que lorsque l'on a intégré complètement cette notion, on comprend beaucoup mieux sa famille. Et même si les circonstances font qu'il est difficile de l'aimer, du moins on peut arriver à une acceptation. Je pense, en particulier, à cette jeune femme qui, violée par son père, arriva à dépasser la haine qu'elle ressentait pour lui en apprenant que, dans une autre vie, elle n'avait pas fait mieux. Georges Morranier, encore lui, ou Anne et Daniel Meurrois-Givaudan, dans «Les Neuf Marches», expliquent bien l'approche de l'âme vers la famille où elle va s'incarner.

N'oublions pas non plus que si l'âme revient, dans un but d'évolution, elle ne revient pas seule. Les âmes reviennent en groupe, souvent pour terminer un travail ou pour comprendre quelque chose qui n'a pas été bien assimilé dans une autre vie. On comprend alors mieux ces sympathies ou ces antipathies qui semblent souvent irraisonnées. Les liens karmiques sont très souvent plus forts que ceux du sang.

C'est vraiment une théorie extraordinaire puisqu'elle vous rend entièrement responsable de votre vie. Vous ne pouvez absolument plus compter sur quelqu'un d'autre pour votre salut. J'avoue qu'il était peut-être plus confortable de penser qu'il y avait des êtres extraordinaires qui avaient choisi de venir sur terre pour nous laver de nos péchés. Ils sont, en réalité, venus pour nous montrer la voie mais leur message n'a pas toujours été bien compris.

Ceci est bien confirmé par les rescapés des N.D.E. Beaucoup ont décrit cette phase où ils revoient et analysent toute leur vie, leurs bonnes et leurs mauvaises actions. Nous sommes seuls juges de nous-même. Notre Moi supérieur connaît le but de l'incarnation et se charge de nous le faire souvenir. Lorsque nous aurons complètement intégré la partie divine en nous, nous n'aurons plus besoin de revenir. Sauf si nous avons décidé de le faire pour aider les autres.

Ici, la VOLONTÉ de DIEU n'apparaît plus comme un caprice mais comme la résultante de la loi Cosmique.

*Lorsque vous faites le bien, c'est envers vous-même que vous agissez ainsi. Et, souvenez-vous, lorsque vous faites le mal à une autre personne, c'est vous-même que vous blessez,* dit Sathya Sai Baba.

CHAPITRE 7

# ON VOUS A JETÉ UN SORT
# OU LE POUVOIR DE LA PENSÉE

*Si vous aviez la foi*
*gros comme un grain de sénevé*
*Vous diriez à cette montagne :*
*" Va de là et de là " et elle irait*
*Et rien ne vous serait impossible.*
MATTHIEU (XVII-20)

# ON VOUS A JETÉ UN SORT

*Avant de pouvoir communiquer aux autres une vérité quelconque, il vous faut l'assimiler par l'expérience.*

Alice MORLEY.

L'envoûtement est une croyance très répandue en Berry, et dans la plupart de nos campagnes, d'ailleurs. Dès que quelque chose ne va pas, on pense aussitôt : *On m'a jeté un sort !* Je trouvais cette solution facile. Ainsi, on se déchargeait de la responsabilité de ses actes sur les autres. A développer ainsi des pensées négatives autour d'elles, ces personnes entretenaient une sorte d'auto-envoûtement.

Je l'ai déjà dit, le livre de P. Pesnot et P. Alfonsi ne m'avait pas convaincue, pas plus d'ailleurs que les études, plus sérieuses, faites par l'ethnologue Jeanne Favret-Saada sur la sorcellerie dans le Bocage («Corps pour Corps «et » Les Mots, la Mort, les Sorts»).

Et pourtant, tout à fait au début de mon enquête, je rencontrai un jeune homme persuadé qu'une voyante de notre connaissance lui avait jeté un sort. Il me conseillait de me méfier d'elle. J'avais bien, en effet, remarqué dans la bibliothèque de cette dernière l'un des livres de sorcellerie les plus connus mais il ne me semblait pas qu'elle puisse passer de la théorie à la pratique.

Cette voyante m'avait offert une tirelire en faïence. Ma première réaction, donc intuitive, fut de la mettre à la poubelle. La deuxième, dictée par la raison, qu'il ne se faisait pas de jeter quelque chose offert de bon coeur sous le prétexte qu'il ne correspondait pas à mes normes esthétiques. Je ne savais qu'en faire. Je la plaçai sur une étagère, dans une pièce où je n'allais pas souvent. Mais, à chaque fois que je la voyais, je me retenais pour ne pas la faire tomber dans l'espoir qu'elle se casse.

A force d'entendre dire que cette personne s'adonnait à la sorcellerie, un jour sans doute pas comme les autres - allez donc savoir pourquoi ? -, j'eus envie d'examiner cette fameuse tirelire de plus près. Et, surprise, le bouchon ôté, son ventre contenait une touffe de poils de chat avec un peu de peau, des poils humains (aisselle ou pubis) et de la poudre de charbon. C'était vraiment étrange. Seule, la personne qui me l'avait offerte pouvait avoir mis tout cet attirail à l'intérieur. Je m'en ouvris à deux de mes amis, l'un médium, l'autre médecin. Ils eurent tous deux la même réaction : je devais me débarrasser au plus vite de la tirelire et observer l'attitude de ma fameuse Lady. Celle-ci venait d'avoir, coup sur coup, deux portées de chatons et les avait tous tués à la naissance. Mes amis avaient trouvé ce comportement anormal. Les chats, on le sait, sont médiums et les animaux peuvent tuer leurs petits lorsqu'ils sentent un danger. Une fois la tirelire partie, ma chatte reprit l'habitude de coucher dans cette pièce qu'elle évitait. Et puis, surtout, elle eut, quelque temps plus tard, un très beau chaton qu'elle adora comme toute bonne mère chatte qui se respecte !

Je parlais toujours de coïncidences. Je ne concevais pas la possibilité d'une action quelconque par l'intermédiaire d'un objet.

Lors de l'ouverture de la librairie, je fus également amenée à vivre une expérience curieuse. Je travaillais avec une jeune stagiaire qui, un matin, fut prise de vomissements en arrivant à la boutique alors qu'elle était en très grande forme deux secondes auparavant. Après s'être reposée, chez elle, elle reprit son travail, l'après-midi, et à nouveau elle fut reprise par les vomissements. De mon côté, depuis la veille, je sentais mon plexus solaire coincé et, malgré des exercices de respiration, j'avais du mal à me sentir à l'aise.

Dans la soirée, j'eus envie de m'exercer en radiesthésie et fut soudain attirée par un pendule en cristal de Bohème, suspendu au présentoir de vente. Curieusement, ce pendule ne réagissait pas suivant ma convention mentale habituelle. Je testai alors les autres pour constater que, seule, cette boule réagissait à une convention inverse. Cherchant, comme toujours, une raison logique, je me demandai si cela ne provenait pas de sa constitution cristalline. Et non, les autres cristaux répondaient normalement.

La semaine suivante, je repris mes expériences pour m'apercevoir que ce phénomène ne se produisait qu'avec moi. De même, si un autre expérimentateur tenait le pendule, son sens de giration changeait lorsqu'on l'approchait de moi. Avec les autres pendules, le mouvement ne changeait pas sauf si on les approchait de moi en même temps que celui en cristal.

Curieusement, après un séjour de trois jours dans de l'eau bénite, cette fameuse petite boule de cristal redevint sage. J'ajouterai aussi que, pendant ces quelques jours, la stagiaire et moi-même étions très fatiguées. Je ne sus jamais qui avait pu toucher ce pendule.

Mon scepticisme commençait à être mis à rude épreuve. Je ne voulais surtout pas me laisser impressionner. L'une de mes amies trouvait que ma vie était une succession d'ennuis qui dépassaient la normale. Pour ma part, j'étais habituée à supporter tout avec le sourire, un sourire un peu crispé parfois, et ne voulais pas écouter ses conseils d'aller consulter un exorciste. Pourtant, depuis plus de vingt ans, les périodes calmes, détendues, sans incidents avaient été très rares. Je pratiquais la pensée positive. Je priais et je ne sortais d'un ennui que pour retomber dans un autre.

En 1978, à la suite d'une période particulièrement dure, refusant les piqûres conseillées par mon médecin habituel, je consultai, pour la première fois, un homéopathe. En me raccompagnant, sur le pas de la porte, celui-ci me dit : *A votre place, je me poserais des questions. Je pense que l'on vous a jeté un sort.* J'ai déchiré son ordonnance, refusant de me faire soigner par un homme que je considérais comme fou.

Sachant que notre pensée est créatrice, j'essayai de voir si, au fond de moi, j'avais vraiment envie d'être heureuse. En principe, oui. Alors, que faire ? Mais je vous assure que je n'avais toujours pas l'idée de recourir à la solution proposée par mon amie. Ce soir-là, en quittant le magasin, je fus prise d'une crise de larmes. Il m'arrivait ainsi, de temps en temps, des crises que rien ne pouvait arrêter et qui venaient apparemment sans raison. Il y a quelques années, j'avais demandé à mon médecin s'il existait une possibilité de tarir les glandes lacrymales et ce brave homme m'avait répondu : *Surtout pas, sinon vous feriez un cancer !* Depuis, j'ai appris que les larmes sont une excellente thérapie. Et je me suis aperçue que ces larmes m'indiquent que j'ai refoulé en moi une intuition.

Je pleurai donc, une partie de la nuit, sans pouvoir m'arrêter, et je priai, demandant d'être éclairée. Que faire pour ne plus être aussi malheureuse ? Et, au matin, la première idée qui me vient à l'esprit : *Je dois aller voir un exorciste.* Mon amie m'avait vanté les mérites d'un certain Monsieur T., à une heure de route de chez moi. Elle m'avait parlé de sa grande honnêteté. Ses tarifs très raisonnables avaient enlevé mes dernières réticences.

En me préparant, la raison ayant repris le dessus, je pensai : *Puisqu'il est honnête, il me dira que je suis venue pour rien et ainsi mon amie sera rassurée. Et elle ne m'ennuiera plus avec ses histoires d'un autre âge !*

Monsieur T. travaillait sans rendez-vous et l'on venait parfois de fort loin pour le consulter. La cour était pleine de voitures et chacun passait suivant son ordre d'arrivée. Certains étaient là depuis l'aube. J'attendis patiemment mon tour: quatre heures dans la voiture, mais aussi à interroger les personnes présentes. Par moment, des cris s'élevaient de la salle où Monsieur T. recevait. Alors, les uns et les autres se regardaient et hochaient la tête : *Ah ! Ben, dis !... Ah ! Celui-là, qu'est-ce qu'on lui avait mis... (sic).* J'appris ainsi que les cris indiquaient que Monsieur T. pratiquait un désenvoûtement. J'aurais été presque effrayée si je ne l'avais pas vu raccompagner l'un de ses clients. Sa stature d'homme de la terre, son bon sourire plein d'amour ne pouvaient qu'inspirer la confiance.

Lorsque ce fut mon tour, j'expliquai qu'un médecin m'avait dit que... Mais que je n'y croyais pas. Je venais juste pour rassurer une de mes amies, etc. Et au lieu de confirmer que j'avais fait un déplacement inutile : *Eh ! Dites donc, cela fait au moins vingt ans que l'on vous travaille. Et c'est un miracle que vous ayiez une telle forme physique avec tout ce que l'on vous a mis dessus. Vous êtes drôlement protégée.* Après un cérémonial simple, à partir de ma photo et quelques cris, je me retrouvai dans la cour, mi-figue mi-raisin. Je n'étais pas encore vraiment convaincue. Ceux qui «savent» penseront que j'avais vraiment la tête dure. Les autres auraient certainement eu les mêmes réactions que moi.

Sur la route du retour, je commençai à me sentir très fatiguée. Je m'arrêtai, ayant emporté, par précaution, un thermos de thé. Et là, première surprise : ce thé sentait merveilleusement bon alors que, depuis des mois, je râlais sur la mauvaise qualité des thés actuels. Je retrouvais, enfin, la saveur du Earl Gray telle que je l'avais découverte, quelques années auparavant, au Danemark.

J'étais de plus en plus fatiguée. Je n'eus que le courage d'aller me coucher. Le lendemain, et ce durant une dizaine de jours, j'eus des manifestations physiques étranges et très inhabituelles. Cela commença par des frissons, puis mon aisselle droite se mit à couler. Je ne transpirais pas, il y avait véritablement un liquide malodorant qui coulait. Puis, pendant deux jours, j'émis des gaz, eux aussi particulièrement malodorants. Lors de mes règles, j'eus, pendant une demi-heure environ, une véritable hémorragie avec élimination de caillots. Et, la nuit, les rêves étaient, eux aussi, des rêves d'élimination.

J'avoue que, à l'heure actuelle, ces expériences me laissent encore perplexes et je me demande, parfois, si je les ai bien vécues. Heureusement que cela m'a été donné car, autrement, je n'aurais pas encore la certitude que l'envoûtement existe.

# LE POUVOIR DE LA PENSÉE

> *Dans votre subconscient*
> *vous trouverez la solution*
> *à tous vos problèmes*
> *et la cause de tous les effets.*
> Docteur J. MURPHY.

Dans les pages précédentes, je vous ai souvent parlé d'Inconscient mais vous connaissez tous l'existence du Subconscient. Ce qui implique, s'il existe un «in» et un «sub», l'existence d'un Conscient.

Si nous prenons le «Petit Robert», nous pouvons y lire : *Conscient = qui a conscience de ce qu'il fait ou éprouve.* Et : *Conscience = faculté qu'a l'homme de connaître sa propre réalité et de la juger.* Nous appréhendons ainsi une notion d'action (ce qu'il fait) et de sentiments (ce qu'il éprouve), et nous apprenons que l'homme a la faculté de savoir ce qu'il fait, ce qu'il éprouve mais aussi ce qu'il est et qu'il se juge.

Pour le docteur Abrezol : *La conscience est ce qui met en rapport l'homme avec l'environnement, le cosmos et son monde intérieur.*

C'est par le Conscient que nous avons la faculté d'agir volontairement. C'est par lui que nous avons la connaissance, qu'elle soit intuitive ou réfléchie, de notre existence et des choses qui nous entourent. Mais nous ne devenons conscient d'une chose, d'une sensation, d'un état que lorsque nous l'avons expérimenté.

Le Subconscient, comme son nom l'indique, est sous le Conscient, c'est-à-dire sous la Conscience. Alors que l'Inconscient est ce qui n'est pas conscient. Mais, direz-vous, où est la différence ? Pour certains psychologues et pour Freud, il n'y en a pas. Inconscient et Subconscient, c'est la même chose. Mais pour la plupart des psychologues contemporains, il y en a une.

Le Subconscient, c'est ce qui se trouve juste sous le Conscient, presque à la surface, et qu'il sera très facile de faire remonter à la Conscience. Alors que l'Inconscient est beaucoup plus profond. Les choses enfouies dans cette zone seront beaucoup plus difficiles à faire remonter à la surface.

Ici intervient la notion de Mémoire. Pour agir consciemment, il nous faut trier les informations que nous avons mis en mémoire dans notre ordinateur personnel. Ces informations sont les souvenirs des expériences faites. Plus ces souvenirs seront utiles pour nous faire agir, plus ils seront prêts à jaillir dans notre conscience. Ceux que nous voudrons oublier seront enfouis au fin fond de notre Inconscient. Il faudrait d'ailleurs distinguer notre Inconscient propre, individuel, de l'Inconscient familial, ethnique et même collectif. Mais il ne s'agit pas, pour moi, de faire un traité de psychologie et, d'ailleurs, pour l'instant, nous allons uniquement nous pencher sur notre fonctionnement conscient-subconscient.

Au début de mon enquête, certains voyants essayaient de me faire comprendre leurs facultés particulières en se comparant à des postes radio. Ils disaient : *Nous sommes des postes récepteurs-émetteurs.* En fait, nous sommes tous tels des postes de radio ou de télévision.

Nous fonctionnons tous en tant que récepteurs et émetteurs. Je reprends cette comparaison très classique car je n'en ai pas trouvé de meilleure pour comprendre notre fonctionnement.

Dans ces appareils, on distingue trois parties essentielles : un récepteur, un décodeur et un émetteur. Pour nous, le récepteur, celui qui capte, c'est ce que l'on nomme le Subconscient. Le décodeur, avec tous ses circuits électroniques, correspond, chez nous, à tout ce qui se trouve dans la boîte crânienne et plus particulièrement à ces circuits complexes que forment les neurones avec leurs dentrites, leurs axones et leurs connexions ou synapses. Mais je ne veux pas non plus faire un cours de sciences naturelles. Et celui qui émet, c'est ce que nous appelons le Conscient. En résumé, le Subconscient reçoit l'information alors que le Conscient exécute le message en déclenchant l'action.

Quelquefois, les émissions radio sont perturbées par des parasites. Ceux-ci peuvent être involontaires (par exemple dus aux conditions météorologiques) ou volontaires (en temps de guerre, l'information peut être brouillée). Chez l'homme, c'est la même chose. Il y a aussi des parasites. Ils sont nombreux et d'origines diverses. Ils peuvent d'abord venir du corps physique et de son double, le corps éthérique (état de santé de la personne), du corps astral ou émotionnel (colère, jalousie, tous les états émotionnels qui ne sont, en fait, que la résultante de l'état émotionnel primitif : la peur), du corps mental, c'est-à-dire de l'intellect (combien de fois, dans ma vie, n'ai-je pas suivi ma première

idée - la bonne - parce que j'ai préféré écouter le raisonnement ?), et enfin les parasites dus à ce fameux Subconscient.
L'enfant qui vient de naître a un Subconscient vierge. Dans celui-ci s'enregistre tout ce que les parents, les éducateurs, les prêtres, les politiciens, en un mot notre entourage, nous racontent. Si nous prenons encore une comparaison dans la technologie moderne, nous pouvons le rapprocher de la bande magnétique de notre magnétophone. Elle enregistre tout ce que nous désirons qu'elle enregistre. Il en est de même de notre Subconscient. Il ne trie pas les informations. Il n'a pas d'intelligence sélective. Il croit et admet pour vrai tout ce qu'on lui transmet.
Si, par exemple, les parents disent à leur enfant *Tu es beau.* Le subconscient de l'enfant enregistre *Je suis beau.* Par contre, s'ils lui disent *Tu es un crétin*, il enregistre *Je suis un crétin* même s'il est particulièrement doué. Et sans un certain travail de compréhension de lui-même, sa vie pourra être une succession d'échecs. C'est ce qui fait écrire à Napoléon Hill : *Les parents font un mal irréparable lorsqu'ils critiquent leurs enfants sans raison. Faire naître chez l'enfant un complexe d'infériorité devrait être reconnu comme crime.* On voit aussi combien la responsabilité des parents et des éducateurs est importante. Mais peut-on vraiment leur jeter la pierre ? Ils ne sont pas souvent eux-mêmes conscients des répercussions de leurs actes et de leurs paroles : ils agissent suivant leur état de conscience du moment. Il est donc de la plus grande importance et de la plus grande urgence d'aider à éveiller les consciences.

Par contre, si la plupart d'entre nous n'avons pas conscience de cette capacité du Subconscient à tout enregistrer, les professionnels de la politique, de l'information et de la publicité la connaissent bien. Pourquoi, un jour, achetez-vous des petits pois Trucmuche alors que, habituellement, vous prenez des petits pois Machinchouette ? Parce que, depuis quelque temps, il y a, à la télévision, la publicité pour les petits pois Trucmuche. *Mais, direz-vous, je ne regarde pas la publicité à la télévision.* Non, bien sûr, vous préparez tranquillement le repas, dans la pièce à côté. Mais vous branchez systématiquement la télévision lorsque vous rentrez chez vous parce que vous ne supportez pas le silence. Et votre Subconscient, lui, enregistre tout... même ce qui se passe dans la pièce à côté.

Cette histoire de petits pois, n'est pas grave. En soi, non. Mais comment être ensuite étonné de la violence de nos enfants. C'est tellement facile, pour avoir la «paix», de les mettre devant la télévision. Et là, que voient-ils ? Aux informations : la guerre, les attentats, les meurtres... Puis des films de violence... Leur Subconcient enregistre tout. Alors, que voulez-vous qu'il enregistre ? La violence est partout... et montrée comme normale ! Leur Subconscient ne connaissant que violence et agression, ils ne pourront agir que dans la violence et l'agression. Ils sont programmés pour la violence.

Mais alors, que faire ?

Heureusement, rien n'est irrémédiable. Je vais vous apprendre une bonne nouvelle : la

bande de votre magnétophone peut être effacée et vous pouvez faire un autre enregistrement à la place. Il peut en être de même de votre Subconscient.
On ne le redira jamais assez : le Subconscient accepte purement et simplement tout ce qu'on lui propose : que l'idée soit bonne ou mauvaise, il l'accepte pour vraie. Soyons donc particulièrement vigilant de ce que nous lui faisons enregistrer. Notre entourage n'est pas le seul responsable. Nous, nous sommes responsables de nos pensées car, elles aussi, s'impriment dans notre Subconscient. Ainsi, reprenant une comparaison du Docteur Murphy, nous sommes comme un jardinier qui plante ses semences dans un terrain et qui récolte ensuite ce qu'il a semé. Tiens ! Vous vous souvenez, il y a deux mille ans, quelqu'un est déjà venu nous raconter la même histoire. Ce que nous semons, ce sont nos pensées. Le terrain, c'est notre Subconscient, et la récolte, notre vie, notre santé. Si nous semons des idées de manque, nous récolterons la pauvreté. Si nous semons des idées d'abondance, nous récolterons la richesse. Ainsi, celui qui dit *J'ai juste besoin de quoi manger* recevra juste ce dont il a besoin pour se nourrir.
La pensée est créatrice. Des expériences faites sous hypnose montrent que lorsque Conscient et Subconscient sont déconnectés, ce dernier devient tout puissant. Par exemple, si l'on suggère à une personne hypnotisée l'existence de brûlures sur son bras, on pourra voir apparaître des cloques sur celui-ci. De même, si l'on induit une idée de paralysie, l'hypnotisé peut devenir

incapable de se mouvoir.

Si nous voulons que nos désirs se réalisent, nous devons les envoyer vers notre Subconscient sans aucune idée de doute. Celui-ci est notre pire ennemi. Pour obtenir la réalisation d'une pensée, nous devons agir comme si elle était déjà réalisée. C'est ce que nous appelons la Visualisation Créatrice. Les moments les plus favorables à cette création sont juste avant l'endormissement ou le réveil. Vous pouvez alors créer tout ce que vous désirez et, si vous ne doutez pas, vous serez exaucé.

Ces principes sont particulièrement bien expliqués dans les ouvrages du Docteur Joseph Murphy et sont la base de toutes les méthodes de Pensée Positive. Celles-ci nous montrent comment nous pouvons remplacer nos mauvaises habitudes de penser par une attitude bénéfique.

Ces principes sont la base même de la Foi et de la réalisation des «miracles» accomplis par les Saints et les grands Maîtres. Si nous pouvions éliminer toute crainte, tout doute de notre esprit, nous serions capables d'en faire autant. Ce qui nous semble un «miracle» est, en fait, le résultat de l'application juste des lois cosmiques. Jésus ne disait-il pas : *Ce que je fais, vous êtes capables de le faire.* Seulement voilà, nous sommes rongés par le doute et nous avons oublié notre dimension cosmique, nous avons oublié la Divinité qui est en nous.

Les grands Maîtres détiennent le pouvoir d'obtenir immédiatement le résultat de leurs pensées dans la matière. Ils SAVENT sans aucune parcelle de DOUTE que TOUT est possible lorsque l'on fait UN avec la DIVINITÉ en soi. Souvenez-vous de la façon dont Jésus nourrissait la foule. Souvenez-vous des noces de Cana. Mais ceci s'est passé il y a deux mille ans et nous avons tendance à penser que ce sont de belles histoires. Alors, pour nous rafraîchir la mémoire, il vit actuellement aux Indes un homme qui nous montre que tout ce que Jésus a réalisé est possible, il s'agit de Sathya Sai Baba. Il est né avec ces facultés. Sa pensée, sa volonté sont si puissantes qu'il peut «créer» tout ce qu'il veut, à l'instant même. Par exemple, il peut matérialiser une sorte de cendre grise appelée «Vibhuti». Il m'en a été offert quelques grammes que je conserve précieusement dans une petite enveloppe. Il m'arrive d'en donner la moitié et, à chaque fois, il en reste toujours la même quantité.

*Bénis soient ceux qui ont vu et cru. Mais trois fois bénis soient ceux qui n'ont pas vu et qui ont cru.*

La pensée est une vibration. Elle obéit aux lois vibratoires, à ce que l'on appelle l'effet boomerang : tout ce que l'on envoie revient vers nous. Cela est vrai des pensées que nous émettons à notre égard, mais c'est vrai aussi des pensées que nous envoyons vers les autres, quels qu'ils soient.

Il nous faut donc être particulièrement vigilant, être sans cesse sur nos gardes puisque toute pensée va ramener vers nous un résultat en fonction de la pensée émise. Une pensée de haine ou de discorde ramènera la haine et la discorde alors qu'une pensée de paix et d'amour apportera paix et amour. Ce ne sera peut-être pas la même personne qui vous la renverra mais elle vous sera toujours renvoyée.

Pour illustrer ceci, je peux vous raconter une petite histoire. Lors d'une réunion, je me trouvais à côté d'une personne pour laquelle je n'éprouvais pas spécialement de la sympathie. Ce jour-là, au lieu de la critiquer intérieurement comme il m'arrivait de le faire, je la regardai différemment et trouvai un certain charme à sa nouvelle coiffure. Quel ne fut pas mon étonnement lorsqu'elle vint me complimenter sur la mienne alors qu'elle n'était pas coutumière de ce genre d'amabilité à mon égard.

Ce qui est valable à titre individuel l'est aussi à titre collectif. La pensée est une arme très puissante. Elle a une longueur d'onde et ne peut s'amalgamer qu'avec des pensées de même longueur d'onde. C'est ce qu'elles font lorsqu'elles se retrouvent dans l'atmosphère. On appelle ces associations de mêmes pensées des égrégores. Pour comprendre le phénomène, nous pouvons faire une comparaison. Nos pensées sont comme l'eau. Celle-ci, à la surface de la terre et des océans, s'évapore pour se condenser dans les nuages. Ceux-ci nous restituent l'eau sous forme de pluie. De même, les pensées s'envolent et se rassemblent au-dessus de nous sous forme d'égrégores et nous recevons ensuite le résultat de ces mêmes pensées.

Les égrégores seront très différents suivant la nature de nos pensées. Toutes les pensées de joie, d'amour, de bonheur, s'accumulent dans des nuages-égrégores lumineux alors que les pensées de tristesse, de mélancolie, donneront des nuages gris. Sans oublier que celles de haine, de violence, de rancune, créeront obligatoirement des nuages lourds, noirs, qui retransmettront ces mêmes sentiments. La création de tels égrégores explique ces guerres qui n'en finissent pas, ces haines raciales... Un homme comme Hitler n'aurait pu avoir d'impact si sa pensée n'avait été soutenue par l'égrégore formé par les pensées d'un grand nombre.

Mais, en contrepartie, il existe des égrégores de paix. Une histoire explicitera mieux ce principe. Lors de la guerre du Liban, quelques esprits «conscients» firent l'expérience de se réunir, à plusieurs, dans un hôtel de Beyrouth. Chacun à sa façon émettait des pensées de paix et d'harmonie. Pendant toute la durée de l'expérience, les bombardements cessèrent.

Souvenez-vous de Jésus disant : *Si plusieurs d'entre vous se réunissent en mon Nom.* La force de la pensée est alors multipliée. Ce principe permet de comprendre l'efficacité de la prière. C'est par suite de l'existence d'un égrégore que l'on peut comprendre aussi la possibilité de miracles dans certains lieux privilégiés tel Lourdes. Et nous pouvons aussi comprendre l'urgence et l'importance de la création, sur toute la surface du globe, de groupes de prières où chacun émet des pensées de paix.

Mais certains d'entre vous vont peut-être faire remarquer que je suis loin des sorts dont on parlait au début de ce chapitre. Eh ! Non. Il s'agit, là encore, de la puissance de la pensée.

Comme notre pensée est créatrice, pour le bien, elle peut l'être pour le mal. De tout temps, certains esprits ont voulu assujettir leurs semblables à leur propre volonté. La jalousie, la haine, sont des forces puissantes. Je ne m'étendrai pas, ici, sur les pratiques de magie noire. Malheureusement, elles existent encore de nos jours et il y aurait même comme une sorte de recrudescence. Certains livres sont à la portée de tous, même dans les rayons de nos supermarchés, et les jeunes, toujours avides de découvertes, jouent souvent à l'apprenti sorcier. Découvrir le pouvoir de la pensée est quelque chose de merveilleux mais une arme dangereuse pour les individus avides de pouvoir. On ne peut être que plein de compassion pour ceux qui abusent de ces forces lorsque l'on sait que, tôt ou tard, ils récolteront ce qu'ils ont semé. Et l'on comprend pourquoi certains enseignements n'étaient divulgués, jadis, qu'aux seuls Initiés.

Je ne cherche nullement à faire peur, seulement à mettre en garde. Monsieur T. me disait: *Ces pratiques sont d'autant plus efficaces que l'on n'y croit pas.* Car, alors, on ne pense pas à se protéger. La prière est la principale protection, sans oublier l'eau bénite, le gros sel, l'encens et les bougies. La moindre petite lumière rappelle la force de la Lumière. Une petite lumière, ici-bas, représente CELLE qui est en haut puisque *tout ce qui est en bas est comme ce qui est en haut.*

Je suis de l'avis de Richard Moss qui écrit, au sujet de ces forces, dans «Le Papillon noir» *Il n'est pas plus avisé de s'en protéger, comme l'a fait l'homme, des millénaires durant, à force de rituels et d'invocations occultes, que de les nier. Il est absolument nécessaire de dépasser ce stade et d'aller voir plus loin.*

L'Eglise n'est pas sans ignorer tous ces phénomènes puisqu'elle conserve encore un prêtre exorciste dans chaque diocèse. La plupart ont un peu trop tendance à croire que leur rôle en la matière n'est que psychologique... puisqu'ils ne croient même plus aux Anges. Par contre, d'autres Eglises, davantage reliées aux traditions anciennes, telles les Eglises Orthodoxes, sont conscientes de l'existence des forces négatives et qu'elles nécessitent parfois des rituels particuliers. Mais, rassurez-vous, les vrais envoûtements sont rares. Et si nous étions en permanence «reliés» à notre Source et si notre Subconscient était complètement nettoyé, ces forces ne pourraient absolument pas nous atteindre.

Il ne faut surtout pas oublier que nous sommes complètement immergés dans un monde de vibrations et que nous captons en permanence les pensées de notre entourage. C'est pourquoi, lorsque nous avons un projet précis à réaliser, il vaut mieux en parler le moins possible. Par exemple, ayant une maison à vendre dans un laps de temps relativement court, je savais qu'il était possible d'y arriver en utilisant les formulations de Pensée Positive. Je m'abstins d'en parler à ma famille, de crainte que leurs réactions d'angoisse ne viennent s'inscrire, malgré moi, dans mon Subconscient et n'y introduisent une parcelle de doute.

De même, en cas de maladie grave, je ne saurais trop vous encourager à en parler le moins possible autour de vous. Certaines personnes, avec la meilleure volonté du monde, pourraient introduire dans votre esprit le doute concernant votre guérison. C'est pour cette raison que, après avoir rendu la vue à des aveugles, Jésus dit : *Prenez garde que personne ne le sache.*

Je me suis étendue longuement sur ce pouvoir de la pensée. Mais la compréhension de son fonctionnement est de la plus haute importance pour notre avenir et celui de la planète tout entière.

DEUXIÈME PARTIE

# LE CHEMIN INITIATIQUE

*La grande initiation,*
*vous la trouverez vous-même*
*chaque matin, dans le voisin*
*auquel vous vous heurtez*
*ou dans l'ouvrage mal fait*
*à remettre sur le métier.*
Anne et Daniel MEUROIS-GEVAUDAN
(Par l'esprit du Soleil)

> *Si tu te mets en route pour me chercher*
> *Je viendrai en route pour te recevoir...*
>
> INAYAT KHAN.

Yaguel Didier m'avait dit : *Vous avez pris le bon chemin, la bonne voie. Ce n'est pas toujours facile. N'ayez pas peur d'avancer. Parce que, au départ, le chemin que vous prenez n'est pas du tout balisé. Vous partez un peu vers l'inconnu et, en fait, petit à petit, les choses se structurent, se mettent en place. Ce qui vous sauve, c'est une certaine curiosité intellectuelle. Vous venez de passer un moment difficile ou vous allez le passer. Mais cela fait partie d'un Chemin initiatique.*

Certains mettront peut-être ma bonne foi en doute. En octobre 1985, je ne comprenais rien à ce langage. Avec le recul, je vois combien ces paroles étaient justes. J'ai, en effet, vraiment démarré mon enquête sans savoir du tout où cela allait m'entraîner.

Un Chemin initiatique ? Je ne pouvais vraiment pas comprendre. J'avais eu tellement de difficultés à gérer, ces vingt dernières années, que les questionnements philosophiques ou métaphysiques n'avaient pas trouvé place dans ma vie. Pourtant, en classe de philosophie, j'avais été très impressionnée par «Les Propos sur le bonheur», d'Alain. Déjà plus ou moins persuadée qu'il y avait un moyen de ne pas être perpétuellement malheureuse.

Un Chemin initiatique ? J'associais ces mots à celui d'Initiation. Et j'ai presque honte de le dire aujourd'hui, ils n'évoquaient, pour moi, que certaines cérémonies pittoresques et folkloriques, généralement africaines.

Lorsque Yaguel Didier m'avait reçue, j'étais incapable de saisir l'importance de cette voyance qui ne semblait d'ailleurs pas me concerner. Vous vous souvenez peut-être qu'elle me parlait des livres dont j'étais entourée et de l'importance du milieu médical alors que j'évoluais dans les vêtements et la lingerie féminine. Ce n'est que quelques années plus tard, en réécoutant l'enregistrement, qu'un questionnement surgit.

Un Chemin initiatique ? Qu'avait-elle voulu dire ? Et je commençai alors à chercher des définitions du mot Initiation. Dans le «Petit Larousse illustré» de 1980, je lisais : *Initiation = cérémonies par lesquelles on était admis à la connaissance de certains mystères dans les religions anciennes et qui accompagnent, aujourd'hui, l'admission dans certaines sociétés secrètes. Action de donner à quelqu'un la connaissance de certaines choses qu'il ignore.*

Dans un Larousse en trois volumes : *Initiation-initier = du latin initiare-initium, qui veut dire commencement. Admettre parmi les adeptes d'une religion, d'une secte, d'une société secrète au moyen de certains rites. Amener à une certaine connaissance.*

En somme, ce mot semblait avoir deux significations. La première ne m'attirait pas du tout. Je n'avais nullement envie de m'intéresser aux religions (la mienne m'avait trop déçue), aux sectes (j'aime trop ma liberté) ni aux sociétés secrètes (cela n'allait pas dans le sens de mon attrait pour la transparence). De plus, il me semblait qu'il y avait une sorte de sélection entre ceux qui savaient, qui avaient donc le droit de faire partie d'un groupe, et les autres. Cela allait à l'encontre de mes grands principes : égalité, fraternité, etc.

Le deuxième sens me convenait beaucoup mieux. S'initier à un sport, c'est démarrer dans cette discipline. S'initier à une science, c'est acquérir des connaissances dans celle-ci. Yaguel Didier avait sans doute voulu parler de mon enquête. Oui ! Celle-ci était une initiation aux phénomènes parapsychologiques.

Un temps, cette explication me convint. Mais alors, pourquoi Yaguel Didier l'avait-elle assimilée à un moment difficile de ma vie pour conclure en disant : *Finalement, ce sera du bien vécu.* C'est lorsque je découvris la réincarnation et surtout la loi de cause et d'effet que je commençai à comprendre qu'il y avait un sens plus profond à ce Chemin initiatique. Alors, je continuai, au travers de mes lectures, la quête d'une signification plus précise. Mais j'étais chaque fois déçue.

Les définitions trouvées, souvent compliquées, ne me convenaient jamais dans leur totalité. Ainsi, Henri Masson, dans son «Dictionnaire initiatique», dit : *C'est un rite secret par le moyen duquel le profane passe du monde de la Ténèbre (la vie quotidienne existentielle) à celui de la Lumière (la reconstitution de l'être, l'accès à la vie éternelle).* Et Edith Acedo : *L'Initiation, quelle qu'elle soit, n'est jamais un cadeau. C'est une démarche qui se paie. Il faut un travail colossal et parfois toute une vie. Bienheureux encore si une vie peut y suffire !* Je trouvais aussi : *Initié = être privilé-*

*gié admis à la connaissance d'un savoir ésotérique, c'est-à-dire de choses secrètes et d'accès difficile.*

En somme, pour certains, il y avait comme l'intervention d'une baguette magique au travers de ces rites secrets réservés à des privilégiés. Mais, en fait, on ne nous disait pas comment étaient sélectionnés ces fameux privilégiés. Pour d'autres, il y avait des difficultés à surmonter, un travail colossal à accomplir.

Où était donc la vérité ? Qui avait tort ? Qui avait raison ? Comme toujours, personne et tout le monde. Nous avons déjà vu que le but de l'incarnation est une évolution, un cheminement afin de mieux connaître et intégrer les lois de l'Univers. Pour certains, assez rares, cet éveil peut être subit et spontané. Ce fut le cas, par exemple, pour Richard Moss, pour Stéphen Jourdan, de ceux qui sont revenus transformés par une expérience de N.D.E. Pour d'autres, l'accident, la maladie, la perte d'un être cher ou de biens matériels seront les déclencheurs de cette recherche du sens de leur vie.

Pour moi, on s'en souvient, ce fut mon impérieux besoin de comprendre qui m'entraîna sur ce chemin non balisé. Maintenant, je comprends, ainsi que le disent les enseignements rosicruciens, que *l'initiation est une transformation progressive et puissante accomplie dans un désir ardent et une tension de tout l'être.* Et ainsi que l'écrit Frédéric Lionel, dans «Le Message sacré de Pythagore», *l'initiation est une disponibilité de coeur et d'esprit.*

Mais la définition qui me convient le mieux est celle donnée par Alexandro Jodorowski, dans

«La Tricherie sacrée», *l'initation n'est autre que de devenir plus conscient.*

Il n'y a pas de «privilégiés». Ceci n'est qu'une apparence. A partir du moment où la vie est en nous, nous démarrons tous notre chemin initiatique. Celui-ci peut ne pas être réellement conscient mais comme rien n'est laissé au hasard, dans l'Univers, chacun trouvera, sur sa route, ce qui convient à son état de conscience du moment. C'est ce qui fait dire aux enseignements rosicruciens : *La vérité doit toujours être adaptée de façon ingénieuse à l'état de conscience du chercheur... Il lui sera donné uniquement ce qui lui est utile et nécessaire.*

On connaît bien la phrase : *Lorsque l'élève est prêt, le maître arrive.* Ainsi, pour donner un exemple, pendant des années, j'ai eu l'intention d'acheter «Dialogues avec l'Ange», de Gitta Mallasz. Souvent, dans une librairie, je le prenais dans le rayon pour le reposer avant de sortir. Quand, enfin, je l'achetai, je restai encore plusieurs mois avant de le lire pour alors m'apercevoir que, lorsque j'avais eu l'intention de l'acheter, quelques années auparavant, je n'étais absolument pas prête pour le lire.

On ne peut juger du degré d'évolution de quelqu'un. Seul, l'Univers connaît le programme de vie de la personne qui se trouve en face de soi. Si, au départ, mon chemin était non balisé, il le devenait un peu plus au fil des années. Sachant maintenant que j'étais entièrement responsable des disfonctionnements de ma vie, je m'attaquais à la compréhension des causes de ceux-ci. J'essayais de devenir, chaque jour, plus consciente de ma façon d'agir, de mes véritables motivations, etc. Or, pour que ma conscience fonctionne mieux, il me fallait rechercher ces fameux parasites qui brouillaient l'émission. C'est un travail passionnant mais un ouvrage qu'il faut sans cesse remettre sur le métier. Seulement, dès que vous l'avez entrepris, la vie prend un tout autre sens et devient la Vie. Je venais enfin de comprendre que ce fameux CHEMIN INITIATIQUE était, en fait, l'apprentissage de la VIE.

CHAPITRE 1

# LA CONNAISSANCE DE SOI

*Il y a, là où vous êtes,*
*une tâche de la plus haute importance*
*à accomplir et personne d'autre*
*que vous ne peut l'accomplir.*
Alice MORLEY.

## CONNAIS-TOI TOI-MÊME ET TU CONNAITRAS LES DIEUX

La loi de cause à effet m'avait appris que j'étais seule responsable de ma vie. J'avais appliqué les principes de Pensée Positive. J'avais un peu flirté avec mes vies antérieures. J'avais même rencontré un «leveur de sorts». Mais ma vie n'avait pas vraiment changé pour autant.

Je stressais moins, je faisais de plus en plus confiance. Cependant, les problèmes principaux étaient toujours là :

- Je n'osais toujours pas avouer que j'étais guérisseuse.
- J'avais toujours des ennuis financiers.
- Je n'avais toujours pas de compagnon.

Sachant être seule responsable, il fallait donc que je cherche en moi. Tous les grands Maîtres et tous les enseignements le disent, il ne peut y avoir de réelle progression sans une parfaite connaissance de soi et de ses fonctionnements. Ce nettoyage de l'Inconscient ou de la Psyché, comme l'on dit parfois, est connu depuis les temps les plus anciens. En Inde, on parlait du «Mental infesté». Pour le soufi Ghazali, il s'agit *de l'étranger qui réside en nous.* Il y a là unanimité, même si les termes varient.

On peut lire, dans l'évangile de Thomas : *Quand vous vous connaîtrez vous-même, alors vous serez connus et vous connaîtrez que vous êtes les fils du Père, le Vivant. Mais si vous ne vous connaissez pas vous-même, vous êtes dans le vain et la vanité.*

Bernard de Clairvaux disait : *Le premier pas sur la voie spirituelle est l'authentique connaissance de soi qui doit dépasser l'accessoire pour atteindre l'essence profonde.*

L'enseignement rosicrucien dit, lui aussi : *Seule, une connaissance de soi véritable peut permettre de retrouver ce principe d'unité intérieure par lequel pensée, désir, action rendent à la vie son sens véritable et sa plénitude.* C'est ce qu'exprime aussi Denise Desjardins : *Le nettoyage de la Psyché nous aide à retrouver la partie tranquille de notre Etre.*

En Orient, ce travail se fait avec un Maître que l'on appellera Guru, en Inde (Swami Prajnanpad fut, par exemple, le maître d'Arnaud Desjardins et de Daniel Roumanoff), Lama, au Tibet. Ce terme de Guru n'a aucunement le sens péjoratif qu'on lui donne parfois en Occident. Le Guru est ce que nous nommons Directeur de conscience ou Directeur spirituel dans la tradition chrétienne. Dans notre civilisation actuelle, ce rôle est joué par les psychologues, les psychothérapeutes, les thérapeutes holistiques, les guérisseurs spirituels, etc. Il est évident que pour pouvoir aider efficacement la personne qui s'adresse à lui, le thérapeute doit, avant tout, avoir fait lui-même un travail de connaissance et de croissance personnel, et il reste souvent lié au thérapeute qui l'a lui-même aidé dans sa démarche.

Au fur et à mesure que nous acquérons une meilleure connaissance de nous-même et de nos comportements, nous comprenons mieux ceux des autres. Il existe de nombreuses techniques aidant à cette connaissance. Je citerai en particulier l'analyse transactionnelle, excellente méthode psychothérapeutique mise au point par le médecin psychiatre américain Eric Berne. Elle nous permet de mieux comprendre et de mieux vivre les échanges (les transactions) que nous avons avec notre entourage, familial, social, professionnel. C'est un bon outil de connaissance et d'évolution personnelle.

J'étais donc de plus en plus convaincue que la connaissance de mes fonctionnements m'aiderait à résoudre mes problèmes relationnels mais aussi mes problèmes financiers. Seulement, justement à cause de ces derniers, il m'était impossible d'entreprendre une psychothérapie. Il me restait l'introspection, avec l'aide de mes lectures et de mes rencontres. Celles-ci m'amenèrent à envisager l'Astrologie, la Numérologie, la Voyance même, non plus comme une prospection de l'avenir mais comme de véritables outils de connaissance de soi.

L'Astrologie (de astro et logos, c'est-à-dire le langage des astres) était, pour Cocteau, *une manifestation de l'unité du mécanisme universel.* Cette science, vieille comme le monde, longtemps non dissociée de l'Astronomie, étudie les positions des astres au moment de notre naissance. L'Astrologie établit ce que l'on appelle l'horoscope ou thème natal, à partir d'une transposition sur le papier des positions planétaires à l'heure de notre naissance (carte du ciel).

Les traditions anciennes ont toujours établi une correspondance entre l'Univers, ou

Macrocosme, et l'homme, ou microcosme. Suivant Hermès Trismégiste : *Ce qui est en haut est comme ce qui est en bas et ce qui est en bas est comme ce qui est en haut.* Il y a concordance, résonance entre l'énergie des planètes et notre propre énergie. Ainsi, symboliquement, Vénus représente l'amour, une certaine façon d'exprimer celui-ci ; tandis que Mars symbolise l'action. En considérant ainsi les planètes comme les symboles de certaines énergies vibratoires, leur position au moment de la naissance correspond aux faiblesses ou aux potentialités de l'individu.

Au IIe siècle, sous des formes différentes, le philosophe romain Plotin et l'astronome grec Ptolémée disaient la même chose. Pour le premier, *le cours des astres annonce les événements mais ne les fait pas ;* tandis que pour le second, *les astres inclinent mais ne disposent pas.* L'être humain n'a donc pas tel comportement parce qu'il est né à tel moment mais il a choisi de naître à tel moment parce qu'il est alors en affinité avec les configurations planétaires. Ce qui fait écrire au polytechnicien Paul Choisnard : *L'enfant ne naît pas à n'importe quel moment mais sous un Ciel représentant des analogies avec celui de ses ascendants ; il n'a pas tel caractère parce qu'il est né à tel moment mais il naît à tel moment parce qu'il aura tel caractère, de par son hérédité.* Et à André Barbault : *Il n'est pas vrai que les individus nés au même moment ont le même destin. Il est faux qu'il existe un destin astrologiquement tracé à l'avance.*

Il existe une notion fondamentale à ne jamais

oublier, celle du libre-arbitre. Dans un thème, ce sont les leçons que l'individu est venu apprendre sur terre que l'astrologue peut décrypter. Mais c'est toujours l'individu lui-même qui décide de tirer le meilleur parti possible de ses potentialités ou ne de pas le faire. Pour Maimonides, médecin, théologien et philosophe juif du XIe siècle : *Tout homme a la possibilité d'être un juste ou un méchant, un sage ou un sot. Et il n'est personne qui le contraigne ou prédétermine sa conduite, personne qui l'entraîne vers la voie du bien ou du mal.*

On compare souvent la vie à un train ou à un bateau. On connaît la gare ou le port de départ, c'est la naissance, et la gare ou le port d'arrivée, c'est la mort. Par exemple, vous pouvez prendre le train à Toulouse pour vous rendre à Paris. Et vous pouvez faire ce voyage de différentes façons. Soit vous vous installez confortablement et vous lisez jusqu'à Paris, sans rien voir. Soit vous choisissez d'aller au wagon-restaurant. Mais vous pouvez aussi descendre à Châteauroux et reprendre le train suivant. Cependant, quoi que vous fassiez, même si vous ne vous en rendez pas compte, il y aura toujours des gares à traverser. La façon dont vous occupez votre voyage représente ce que l'on appelle votre libre-arbitre. Les gares traversées sont les événements incontournables de votre vie : les grandes rencontres, certaines maladies, etc. Et le voyage représente votre Destin.

Un thème astral peut se lire à différents niveaux. D'abord, une lecture psychologique donnera les grands traits de caractère. Une lecture au niveau de l'Inconscient montrera les grands archétypes (le père, la mère...), certaines peurs aussi, et il peut se faire une lecture karmique si l'on admet le principe de la réincarnation. On obtient alors une image aussi juste que possible de son destin, de son caractère, de sa façon de fonctionner et de réagir.

Mon thème, vu sous ces trois niveaux, me redonna confiance en mes capacités. J'avais été heureuse de découvrir mes dons de guérisseur. Cela allait tout à fait dans le sens de mes aspirations premières. Or, très rapidement, j'avais fait un blocage complet, me posant ce genre de questions : *Pourquoi moi ? En étais-je réellement capable ? Peut-être avais-je tellement l'envie de soulager les autres que j'ai cru pouvoir le faire. N'était-ce pas une illusion ?* Et mon amie astrologue me faisait découvrir que je n'étais pas le jouet de mon imagination : j'avais choisi de venir au monde avec toutes les capacités, tout le potentiel nécessaire pour pouvoir soigner.

De même que je m'étais interrogée sur mes difficultés affectives et, soudain, là, elles étaient expliquées. Je trouvais leur origine dans une compassion mal comprise. La vue d'un être souffrant me fendait le coeur et je voulais l'aider, coûte que coûte. De ce fait, j'attirais toujours des individus qui se complaisaient dans leur mal de vivre et dont je n'arrivais pas à me séparer car ils trouvaient en moi la capacité de comprendre leurs états d'âme. J'étais persuadée que, avec le temps et la patience, j'allais arriver à les rendre heureux. Seulement, je m'épuisais, sans résultat.

Soudain, après toutes ces années, je m'apercevais que ces relations ne faisaient avancer personne, ni eux ni moi. Je sentais soudain que pour réaliser pleinement ma vie, mon destin, je devais à mon tour rechercher une épaule solide et qu'il me fallait éloigner les «malades» de ma vie personnelle si je voulais moi-même réellement progresser et aider convenablement les autres.

L'astrologie me montrait que c'était possible et même indispensable. Mais il me fallait pour cela être vigilante quant à ma façon de fonctionner. Je devais donc faire mien et adapter le vieil adage *Un homme averti en vaut deux;* Ma première expérience sentimentale avait duré vingt-cinq ans, la deuxième dix... Je fus très fière, ensuite, de n'avoir mis que quelques jours pour m'apercevoir que j'allais retomber dans mes vieux travers : donner sans recevoir. Ce qui va à l'encontre des principes mêmes de l'Univers.

L'astrologue peut également étudier la «révolution solaire» pour votre année en cours, c'est-à-dire pour la période allant d'un anniversaire à un autre. Ainsi, en cette période où j'écris, les astres indiquent, pour moi, une possibilité de retour vers le passé, un enfermement dans la maison, une possibilité de recherche sur mes racines. J'aurais donc très bien pu rester enfermée dans la maison à ruminer les malheurs du passé. J'aurais peut-être pu occuper mon temps dans une recherche généalogique. Non, je suis réellement enfermée dans une maison - alors que mes amis sont à la plage - et si je fais un retour sur le passé, c'est pour écrire ce livre et montrer que ce passé peut être dépassé mais qu'il est, en même temps, complètement nécessaire pour avancer. Tel est mon choix, j'ai fait jouer mon libre-arbitre.

Ce thème me redonna confiance en moi. Je n'avais certes pas un thème facile. Je n'avais donc pas, au départ, choisi une vie facile mais j'avais tout le potentiel nécessaire pour bien l'assumer et ainsi que j'en avais toujours eu l'intuition, cette vie pouvait devenir plus harmonieuse, plus équilibrée.

En Orient, il est courant de faire le thème des enfants à leur naissance. De même, les mariages étaient jadis arrangés en tenant compte du thème des deux époux. Sans aller jusque-là, je pense qu'il serait une très bonne chose, pour des parents, de faire faire le thème de leurs enfants. Cela pourrait les aider lors des orientations scolaires et leur permettrait de mieux gérer les conflits familiaux éventuels, à condition qu'ils se connaissent eux-mêmes.

Surtout, je voudrais que chacun prenne conscience qu'il n'existe pas de «bons» ou de «mauvais» thèmes. Les aspects qui peuvent paraître difficiles, dissonnants comme dit l'astrologue, sont ceux qui nous permettent au contraire de progresser. Les personnes qui n'ont que de bons aspects risquent, au contraire, de se laisser vivre et de passer à côté de leur voie véritable.

La Numérologie me donna aussi des renseignements intéressants. Comme l'astrologie, elle est connue depuis la nuit des temps mais elle est restée plus secrète encore, réservée aux seuls Initiés. Les Ecritures sont de réels documents chiffrés. Les Hébreux étaient experts dans l'étude des nombres et nous ont transmis ce savoir au travers de la Kabbale.

Brièvement, on peut dire qu'en Numérologie, chaque lettre de l'alphabet correspond à un nombre entre 1 et 9. On n'utilise pas le zéro car, dit Jean-Daniel Fermier, *il symbolise ce qui n'est pas encore créé ou ce qui n'existe plus.*

De même qu'en Astrologie, nous avons vu que l'enfant choisit de naître à un moment très précis pour retrouver dans le Ciel une résonance avec l'énergie qui l'habite. Pour le numérologue, cette date de naissance n'est pas non plus choisie au hasard puisqu'elle conditionne ce qu'il appelle le Chemin de Vie, c'est-à-dire le tracé de l'existence avec ses lignes droites, ses virages, ses carrefours et ses obstacles plus ou moins difficiles à franchir. Ce Chemin de Vie exprimera justement la façon dont l'individu va aborder celle-ci. Une personne ayant un Chemin de Vie 1 n'aura pas du tout le même destin qu'une autre ayant un Chemin de Vie 9. Ainsi, avec mon Chemin de Vie 5, je n'ai pas choisi la stabilité mais une vie de grande mobilité, d'incessants changements tant en ce qui concerne les lieux d'habitation (trente-six à l'heure actuelle dans dix-huit villes et quatre pays différents... et ce n'est sans doute pas terminé !) que la vie professionnelle.

Ce n'est pas non plus par hasard que l'on porte tel prénom ou tel nom de famille. Pour les femmes mariées, il faudra toujours tenir compte du nom de jeune fille qui, seul, contient la vibration de naissance. Ceux-ci expriment notre personnalité avec ses qualités mais aussi ses faiblesses.

La numérologie m'a confirmé ainsi ce que j'étais venue travailler, dans cette vie, et m'a aidée aussi à reprendre confiance en mes potentialités. Mais un questionnement s'est imposé à moi, par rapport à ma soeur décédée qui, ayant les mêmes prénoms et nom de famille que moi, avait donc les mêmes vibrations : son Chemin de Vie aurait-il été aussi bien adapté que le mien au travail que nous avions choisi de faire en venant sur terre ? Il me semble qu'avec un Chemin de Vie 2, cela lui aurait été moins facile. Est-ce pour cela qu'elle a choisi de ne pas rester ici-bas ?

Tous les outils basés sur la synchronicité, et en particulier les Tarots, peuvent être également utilisés. Il y a actuellement un développement très net de ces moyens. Beaucoup de psychologues s'en servent, mais pas encore toujours au grand jour. Pour le Docteur Denise Roussel, du Québec : *La synchronicité confère au Tarot Psychologique* (c'est-à-dire celui qu'elle utilise) *un caractère transcendant. Il confirme le sentiment obscur de notre appartenance à l'Univers comme à une totalité où les êtres, les événements et les choses agissent en unité et en concordance secrète.* Pour ma part, je dirai que l'on observe ce phénomène avec n'importe quel jeu de tarots ou de cartes, à partir du moment où on l'aborde dans un état de recherche intérieure. Personnellement, j'utilise différents jeux: «Messages de l'Univers», «Cartes des Anges», «Ecoute ton corps» de Lise Bourbeau, ainsi que celui des «Elixirs du Docteur Bach» et je suis toujours émerveillée de constater combien les messages délivrés résonnent avec les états d'âme de la personne en recherche.

J'ai été également beaucoup aidée par mes rêves. Dans l'Antiquité, ceux-ci représentaient des avertissements ou des conseils envoyés par les Dieux. Pour Freud, ils constituaient *la voie royale qui mène à l'Inconscient* mais il n'y voyait que la manifestation de nos désirs refoulés. C'est Jung qui les a reliés à l'Inconscient collectif en rejoignant ainsi la théorie ésotérique des Annales akhashiques.

Par les électro-encéphalogrammes, nous savons que notre cerveau émet des ondes de fréquences différentes suivant notre activité. Et les scientifiques ont ainsi pu décomposer le sommeil en plusieurs phases.

Lorsque nous travaillons, notre cerveau émet des ondes nommées Béta (12 à 40 cycles par seconde). Au moment de l'assoupissement, il passe en ondes Alpha (7 à 12 cycles par seconde). C'est le rythme que nous retrouvons dans la relaxation et la méditation. Puis vient un autre rythme, Théta (4 à 7 cycles par seconde), qui est celui du sommeil léger durant lequel nous sommes encore conscient des bruits extérieurs. Enfin, le sommeil profond correspond à un rythme Delta (1 à 4 cycles par seconde).

Il existe une cinquième phase durant le sommeil, appelée sommeil paradoxal, qui dure environ quinze à vingt minutes, où l'on retrouve alors le rythme Alpha. Il est reconnaissable à un mouvement rapide des pupilles. C'est durant cette période que nous rêvons.

Tout le monde rêve. Même si nous ne nous

souvenons pas toujours du rêve. Il existe plusieurs sortes de rêves. Lorsque nous dormons, nos corps subtils se détachent de notre corps physique auquel ils restent attachés par la corde d'argent. Si ces corps subtils sont mal détachés, nous allons faire des rêves confus, sans histoire bien définie. Ils sont souvent provoqués par une cause physiologique (mauvaise digestion) ou physique (bruit, mauvaise position, contact avec le compagnon, etc.), ou ils proviennent des souvenirs de ce que nous avons vécu ou vu dans les jours précédents. Ils sont en noir et blanc.

Lorsque nous rêvons en couleur, nos corps subtils sont bien dégagés et sont partis explorer l'Univers cosmique. Pour Marie Coupal, auteur du livre «Le Rêve et ses symboles», *le rêve en couleur signale que le détachement d'un comportement passé est devenu possible et qu'une nouvelle manière de vivre s'impose.* J'adhère d'autant plus à cette théorie que mes premiers rêves en couleur sont survenus peu de temps après mon divorce. Ce sont des rêves que l'on n'oublie pas.

L'un des premiers que je fis en couleur m'a beaucoup frappée. Deux amies et moi-même partions en promenade dans le but de faire des bouquets de tournesols. Ayant repéré un champ avec des fleurs magnifiques, j'arrêtais la voiture le long d'un talus. Mes amies se précipitaient sur les fleurs qui se trouvaient sur le bas-côté. Pour ma part, j'avais jeté mon dévolu sur un énorme tournesol qui paradait au sommet de la butte. J'avais entrepris de grimper sur le toit de la voiture pour l'atteindre. Je glissais, je remontais, je glissais encore jusqu'au moment où je réussissais à le cueillir. Mes amies se moquaient de moi mais j'étais envahie d'un bonheur immense. Ce rêve fut pour moi un véritable message d'espoir. Ma vie serait plus heureuse si je continuais mes recherches et, surtout, je voyais là la nécessité pour moi de toujours tendre vers un idéal. Je savais aussi que je ne devais pas désespérer.

Ces rêves en couleur sont de véritables messages que nous adressent nos Guides ou que nous puisons dans l'Inconscient collectif. Ce sont des rêves symboliques, des rêves prémonitoires ou, parfois, des réminiscences de vies antérieures. Ceux-ci sont donc particulièrement intéressants, même si nous ne parvenons pas à les décrypter dans l'immédiat. Il sera toujours bon de les noter.

Ainsi, je fis, deux nuits de suite, des rêves très différents mais où apparaissait très clairement le chiffre 18. Je n'arrivais pas à les relier entre eux, jusqu'au moment où une amie me fit remarquer que je devais peut-être rechercher ce que j'avais vécu lorsque j'avais dix-huit ans. Et là, soudain, tout devenait clair. J'avais revécu en rêve un événement de mes dix-huit ans, un fait que j'avais voulu occulter mais qui éclairait le fonctionnement de ma vie affective.

La technique du rêve éveillé dirigé est aussi une méthode intéressante pour la connaissance de soi puisqu'elle nous permet de prendre conscience de certains blocages psychologiques, de certains événements cachés dans notre Inconscient.

J'arrivais ainsi à mieux me connaître. Je ne dis pas que je me connais parfaitement. Mais arriver à reconnaître ses façons d'être, d'agir, n'est-il pas le travail de toute une vie ? Ce sont des découvertes que nous faisons, chaque jour, au fur et à mesure que nous ouvrons davantage notre Conscience.

Il y a beaucoup d'autres moyens de connaissance. Ne serait-ce que les thérapies classiques. J'ai voulu spécialement insister sur ceux que j'ai utilisé jusqu'à présent car je voudrais, en quelque sorte, réhabiliter des techniques que certains «enseignants spirituels» méprisent alors qu'ils ne les connaissent pas en profondeur, et empêcher ainsi de culpabiliser les personnes qui y ont recours. C'est comme tout, il y a une bonne et une mauvaise astrologie, une bonne et une mauvaise numérologie. Le bon astrologue, le bon numérologue, tout comme le bon tarologue, est celui qui montre à ses consultants que nous sommes reliés à une autre Dimension. Nous pouvons arriver à une connexion en direct mais les hommes n'en étant pas encore tous là, pourquoi négliger ou rejeter certains outils mis à notre disposition.

J'ai aussi été beaucoup aidée par mes amis de l'Au-Delà qui, au travers de bons médiums, m'ont fait mettre le doigt sur certains de mes points faibles. Par exemple, c'est par leur intermédiaire que j'ai pris conscience que, en certaines occasions, je n'avais pas défendu mes droits à une juste rétribution, non pas, comme je le disais, parce que l'argent n'a pas d'importance mais par faiblesse, par peur de la violence que cela allait déclencher en face de moi et surtout par peur de ne plus être aimée. Je pense en particulier à cet immeuble dont ma grand-mère voulait me faire don et que je n'ai pas accepté alors que je savais qu'il quitterait notre famille, ma grand-mère ne voulant en aucun cas le laisser à sa fille. J'ai pensé, depuis peu, que grâce à cet immeuble, je n'aurais pas dépensé l'énergie phénoménale qu'il m'a fallu utiliser, depuis des années, pour surmonter mes problèmes financiers. Là, j'ai loupé une opportunité. Je pourrais, aujourd'hui, grâce à lui, mettre certains projets à exécution. Et je laisserai Anne C., mon amie astrologue, conclure ce chapitre :

*La nécessité du connais-toi toi-même, c'est en fait d'arrêter de perdre son temps et son énergie dans des choses qui, normalement, ne nous concerneraient pas. C'est peut-être cela le Chemin initiatique.*

CHAPITRE 2

# L'AMOUR DE SOI

*Si vous n'avez plus peur*
*de ne pas être aimés*
*vous pouvez aimer et être aimés.*
Arnaud DESJARDINS.

# TU AIMERAS TON PROCHAIN COMME TOI-MÊME

J'avais maintenant la preuve que j'étais arrivée sur terre avec mes besaces pleines de potentialités positives qu'il me fallait utiliser correctement. J'avais fait un retour sur ma vie professionnelle et je m'étais rendue compte que tout ce que j'avais entrepris avait démarré avec succès. Mais que, consciemment ou inconsciemment, je m'étais toujours arrangée pour ne pas continuer dans la dynamique de la réussite. De plus, j'étais maintenant consciente que ma façon d'aimer n'avait pas été la bonne. J'avais eu trop envie de rendre l'autre heureux. Je désirais être heureuse et je ne le pouvais pas car je pensais ne pouvoir l'être que par le bonheur de l'autre. Je faisais tout dans ce but, sans pouvoir y arriver, et lorsque c'était trop dur, mon seul recours se trouvait dans les larmes. Je pleurais à ne plus pouvoir m'arrêter. Ce qui m'agaçait profondément. J'y voyais un signe de faiblesse jusqu'au jour où j'appris que Kabir, le grand mystique hindou musulman pensait que *les larmes symbolisent le chagrin de la séparation avec le Divin et permettent de l'accueillir en soi.* J'apprenais alors qu'elles sont libératrices et que tous les thérapeutes admettent leurs bienfaits. La Tradition chrétienne parle du «don des larmes» et la Tradition juive considère que l'incapacité de pleurer est un état dépressif.

Merci, mes larmes, vous m'avez sans doute sauvée...

Au moment de mon divorce, un ami m'avait prodigué un conseil qui m'avait profondément choquée : *Pense un peu à toi. Sois égoïste !* Comment pouvait-on conseiller à quelqu'un d'être égoïste ?

Intuitivement, j'avais toujours admis pour faux le dogme de la nécessité de la souffrance pour accéder au paradis. Cela me semblait d'un parfait illogisme. Nous avions été créés par un Dieu que l'on nous présentait tout amour et compassion. Nous étions ses enfants et ce Père nous aurait condamnés à la souffrance. Non ! C'était impossible. Des parents normaux désirent uniquement le bien-être de leurs enfants. Les écrits des Sages bouddhistes m'avaient montré que mon raisonnement était juste. Mais j'avais encore en mémoire - comme la plupart d'entre nous d'ailleurs - les siècles d'enseignements judéo-chrétiens.

Donc, j'avais cru avancer. Mais les problèmes restaient les mêmes. Je n'osais toujours pas dire que j'étais guérisseuse. Je m'usais toujours à gérer mes problèmes financiers et je n'avais toujours pas rencontré le compagnon de mes rêves. Ce qui ne me paraissait plus important : je trouvais que la solitude avait du charme.

C'est à cette époque que je rencontrai Martin Brofmann. J''étais alors présidente de cette association où j'avais découvert toutes ces nouvelles thérapies. Ayant compris que le plus important était d'informer, avec mes amies, nous avions décidé d'organiser des conférences pour faire savoir autour de nous qu'il y avait d'autres façons de se soigner et, surtout, nous voulions faire prendre conscience que nous étions, chacun, responsable de notre santé. C'est dans ce contexte que je fis la connaissance de Martin Brofmann.

Martin Brofmann est américain. Un jour, il s'aperçoit d'une paralysie naissante dans un bras. Les médecins diagnostiquent une tumeur à la colonne vertébrale qu'il faut opérer. Au réveil, Martin apprend que la tumeur, trop proche de la moëlle épinière, n'a pu être enlevée et qu'il lui reste environ trois semaines à vivre, à condition de ne pas rire, de ne pas tousser ni éternuer. Le choc est dur. Martin décide alors de réaliser le rêve de sa vie, risque à l'écourter. Huit, quinze jours ou trois semaines, peu importe, autant les passer de façon agréable. Et il part dans un Club Méditerranée. Il vit, il s'amuse... Et trois semaines plus tard, il est toujours là.

Lorsque nous prenons notre vie en main, nous rencontrons toujours l'aide dont nous avons besoin au moment propice. A nous, évidemment, de savoir la saisir. Pour Martin, la rencontre fut celle d'un moine zen qui lui expliqua les grands principes de la Vie. Peu de monde sait que le Club Méditerranée fut créé par un moine zen, Gérard Blitz. Martin décide de suivre ses conseils : méditation, visualisation créatrice, etc. Et ainsi qu'il l'avait prévu, quelques mois plus tard, les médecins lui confirment que la tumeur a disparu. Martin parcourt maintenant le monde pour faire partager son expérience. Ce qu'il a fait, chacun de nous est capable de le réaliser.

Donc j'avais demandé à Martin Brofmann de

faire une conférence à Châteauroux. Lorsqu'il me vit pour la première fois, me prenant dans ses bras, pour m'embrasser, il me dit : *Tu as beaucoup donné. Tu dois maintenant apprendre à recevoir.*

Quelque temps après, j'ouvrais la librairie et commençait alors financièrement la période la plus difficile de ma vie. Pendant un certain temps, je ne dus ma survie alimentaire qu'à la générosité de quelques amis proches et je pensais que j'avais un travail à faire sur l'orgueil. C'était tellement dur de dépendre ainsi des autres. Mais je n'eus jamais à demander, les choses arrivaient toutes seules car j'ai toujours essayé de ne pas introduire trop d'angoisse dans mon esprit. Ainsi, la première fois que je me rendis compte que j'étais dans l'impossibilité absolue, financièrement, d'aller faire des achats, j'eus un moment de panique. Mais, faisant l'inventaire, je m'aperçus que j'avais encore de quoi manger pour deux jours. Il serait bien temps alors d'aviser. Ce n'était pas la peine de se ronger les sangs à l'avance.

Le lendemain, une jeune femme que j'avais, un temps, essayé d'aider à se sortir de la drogue et de l'alcool, m'apportait deux sacs pleins de nourriture : boîtes de conserves de toutes sortes, riz, nouilles... Bizance ! Elle avait reçu, elle-même, un don qu'elle n'arrivait pas à ranger entièrement dans ses armoires. J'en pleurais d'émotion. Car je pleure aussi quand je suis heureuse !

La phrase de Martin Brofmann m'avait marquée et je dévorais alors les livres de Gérald

Jampolsky, psychologue américain. J'apprenais que l'Univers est abondance et que s'il ne nous gâtait pas, c'est que nous ne voulions pas recevoir ce qu'il nous réservait. Pour moi, cela allait tout à fait dans le sens de mon raisonnement : un père ne peut que vouloir le bonheur de ses enfants.

Alors je réfléchis :

Question : Pourquoi est-ce que je ne reçois pas de l'Univers ?

Réponse : Je n'ai sans doute pas envie de recevoir.

Question : Pourquoi n'ai-je pas envie de recevoir ?

Réponse : Parce que tu penses que tu ne le mérites pas.

Question : Pourquoi est-ce que je ne le mérite pas ?

Réponse : Parce que tu ne t'aimes pas...

Euréka ! Je ne m'aimais pas. Je m'étais encore leurrée. Je pensais qu'il n'y avait que mon physique que je n'aimais pas. Mais c'est faux, c'était moi, Nicole, dans son intégralité, que je n'aimais pas.

Alors, que faire ? Eh bien, chercher encore plus loin.

Ayant lu quelque part que c'était avant l'âge de trois ans que tous les schémas négatifs s'inscrivent dans notre Subconscient, je cherchais dans ma mémoire ce qui avait ainsi pu me traumatiser. Je l'ai déjà dit, je suis ce que l'on appelle un enfant de remplacement. Je suis née quatorze mois après le décès de ma soeur et Maman attendait son retour. Quelle déception je fus pour elle. J'ai encore à l'esprit des phrases telles que celle-ci : *Quand tu es née, il y avait tellement de méchanceté dans tes yeux que l'on n'a pas pu t'appeler Françoise, comme elle. Mais comme on n'avait pas cherché d'autres prénoms, on a inversé les siens.* Ou alors, lorsque je n'agissais pas suivant les critères maternels : *Ah ! Si c'était Françoise qui était là, elle ne me ferait pas tant de peine. Elle était si gentille.*

Avant ma naissance, j'avais déjà certainement ressenti que ce n'était pas moi qu'elle attendait. Heureusement, à l'heure actuelle, la plupart des jeunes femmes sont plus conscientes de l'impact de leurs pensées, pendant leur grossesse, sur l'enfant qu'elles portent. A l'époque de ma mère, ces choses-là étaient complètement ignorées et l'on commençait juste à s'y intéresser au moment des miennes.

Par deux fois, j'ai eu la preuve que certains événements survenus lorsque j'attendais mes enfants avaient eu de l'influence sur eux. Le premier est plutôt amusant. Ma belle-fille, un jour, me dit : *Je me demande bien pourquoi votre fils aime tant les tomates farcies. Pratiquement, je pourrais lui en faire tous les jours.* La réponse est sans doute dans le fait que, pendant cette première grossesse, j'ai, en effet, eu envie de ne manger que des tomates farcies.

Le deuxième est plus triste. Lorsque j'annonçai à ma mère que j'attendais mon troisième enfant, j'étais toute heureuse et ne pensai nullement que ma mère avait, elle, vainement essayé d'avoir d'autres enfants après moi. (Tiens, j'avais aussi entendu, dans mon enfance : *Il n'y a que la mauvaise graine qui pousse.)* Elle s'écria : *Mais, ma pauvre fille, tu n'es qu'une vraie lapine!* Eh oui ! Trois enfants en cinq ans. Je me vois encore au téléphone et je ressens le choc au niveau de mon plexus solaire. Seulement, l'enfant que je portais ressentit si fort ma douleur que, quelques années plus tard, devenu anorexique, il ne voulait manger que des carottes, disant : *C'est normal, je suis un lapin.* On ne lui avait jamais parlé de cette conversation et je n'ai fait moi-même le rapprochement que vingt-cinq ans plus tard.

Mais revenons à ma propre histoire. Quelques mois après ma naissance, c'était la guerre et les deux personnes qui m'avaient entourées d'amour durant les premiers mois de ma vie, mon père et son ordonnance (à l'époque, les officiers avaient un soldat à leur service, un ordonnance), partaient au front. Alors, mon Subconscient qui avait déjà enregistré que ma mère ne m'aimait pas vraiment, enregistre maintenant : *Mon père ne m'aime pas S'il m'avait aimé, il ne serait pas parti.* Et de là à se programmer *Personne ne peut m'aimer*, le pas est vite franchi. A l'époque, il ne serait pas venu à l'idée d'expliquer à une enfant d'un an pourquoi son père partait.

A partir de cet instant, la rancune s'établit vis-à-vis de mon père. Pourquoi m'avait-il laissée seule, avec cette femme qui ne m'aimait pas ? Lorsqu'il revint, sept ans plus tard, mon refus de l'accueillir et de l'appeler Papa fut certainement provoqué par cette rancune. Rancune qui s'estompa peu à peu mais réapparut très vite lorsque, adolescente, je me battais pour que ma mère respecte un tant soit peu ma personnalité et qu'il ne me défendait pas.

Le gros problème de ma jeunesse fut donc d'essayer d'obtenir l'amour de ma mère. Mal aimée sans doute elle-même, jamais remise du décès de Françoise, nos conceptions de la vie s'avéraient inconciliables. Elle était tellement pleine de peurs qu'elle ne supportait pas que nous la quittions. Ne devions-nous pas toujours voyager ensemble afin de mourir ensemble. Seulement, moi, je ne voulais pas mourir. Je voulais vivre. Chez nous, le moindre retard devenait un drame ; ne pas être de l'avis maternel, une tragédie.

Et j'ai vécu ma jeunesse - et certainement une partie de ma vie d'adulte - à essayer de concilier l'inconciliable : trouver l'amour de ma mère en essayant de lui faire plaisir sans toutefois abdiquer complètement ma personnalité. Alors, voulant, comme on dit, ménager la chèvre et le chou, je ne perdis pas assez de personnalité pour lui faire totalement plaisir et me sentir aimée, mais bridait suffisamment cette même personnalité pour ne pas réussir totalement ma vie. Il s'ensuivit que je développais de la culpabilité et de la colère.

Colère d'avoir été injustement critiquée.

Colère contre moi-même, incapable de m'affirmer complètement.

Colère contre ma mère, responsable de tous mes maux.

Colère que je n'osais pas exprimer tellement j'avais peur de ne plus être aimée du tout.

Culpabilité de ne pouvoir rendre ma mère heureuse.

Culpabilité de me croire responsable des tensions familiales.

Culpabilité de ne pas être assez diplomate pour éviter les heurts.

Rancune vis-à-vis de mon père, etc.

COLÈRE, RANCUNE, CULPABILITÉ... j'étais coupable. Lorsque l'on est coupable, on ne peut être ni aimée, ni s'aimer. Donc, on ne mérite pas de recevoir. Je ne pouvais donc pas recevoir.

Ayant compris ce processus, il fallait maintenant que j'ôte cette mauvais programmation de mon subconscient. J'essayais de voir ce que j'avais fait de positif dans ma vie. J'utilisais aussi différentes techniques comme celle du miroir. C'est apparemment très simple : il suffit de se mettre devant un miroir et de se regarder dans les yeux en disant, par exemple : *Je suis belle* ou *Je t'aime et t'accepte telle que tu es*, ainsi que l'explique Louise Hay dans «Transformez votre vie».

Si vous n'avez jamais fait cet exercice, je vous recommande d'essayer. Vous verrez que, pour beaucoup d'entre nous, ce n'est pas si facile que cela en a l'air. Certains vont se mettre à pleurer. D'autres vont rire car se tourner en dérision est encore une façon de ne pas s'accepter.

En observant notre façon d'agir, les paroles que nous prononçons, nous pouvons reconnaître si nous nous aimons ou pas. Si vous n'arrêtez pas de vous excuser, vous ne vous aimez pas. Si vous n'osez pas faire rétribuer votre travail à son juste prix, vous ne vous aimez pas. Si vous êtes criblé de dettes, vous ne vous aimez pas. Si vous êtes couvert de charges et n'arrêtez pas de courir de droite et de gauche, vous ne vous aimez pas. Si vous vous critiquez sans cesse, vous ne vous aimez pas.

Nous n'avons pourtant pas tous été des enfants de remplacement ou des enfants non désirés. Mais il est bien rare que, dans notre enfance, nous n'ayions pas eu un parent ou un enseignant qui ne nous ait pas critiqué à tort. Les résultats sont les mêmes : nous nous critiquerons et nous attirerons des personnes qui nous critiqueront.

Ainsi, ayant cru, par le mariage, trouver une vie plus harmonieuse, je quittais une mère jamais satisfaite de moi pour vivre avec un homme qui n'arrêta pas de me critiquer et de me rabaisser. J'avais trouvé une parade pour moins souffrir : croire qu'il ne pensait pas réellement les paroles prononcées. Lorsque, plus tard, aidant un ami dans son travail, celui-ci commença à me critiquer injustement, la même parade monta aussitôt à mon esprit. Mais j'étais déjà sur la voie de la guérison car je refusais immédiatement de me laisser sous-estimer : *Non ! Je n'étais pas nulle, comme il le disait, je faisais du bon travail.*

De même, je fus consciente d'avoir fait un grand pas sur cette voie lorsque j'osai réclamer, sans aucun malaise, l'argent d'une cliente qui allait sortir du magasin sans payer. Mes amis de l'Au-Delà m'avaient d'ailleurs fait parvenir un message clair et net : *Tu paies actuellement le fait ne n'avoir pas défendu tes droits à une juste reconnaissance de ton travail.*

Au fur et à mesure que j'avançais et que je m'aimais davantage, les cadeaux commencèrent à pleuvoir : fleurs, légumes, fruits, pots de confitures de mes clients et amis, invitations de plus en plus nombreuses... Même les relations avec mes parents devinrent plus faciles. Ainsi, je commençais à recevoir.

En m'aimant mieux, en arrêtant de me dévaloriser, je comprenais ce qu'avait voulu dire Martin Brofmann. J'avais, en quelque sorte, amorcé le déblocage de la situation. La médecine chinoise nous apprend que la maladie est un blocage d'énergie. De même, se sous-estimer, manquer de confiance en soi, ne pas s'accepter apportent aussi un blocage dans la circulation des énergies. Un équilibre s'installait peu à peu entre le «donner» et le «recevoir».

Je saisissai mieux combien le *Sois égoïste* de mon ami rejoignait le *Aime ton prochain comme toi-même.* Notre première obligation, en ce monde : réapprendre à nous aimer. Comment voulez-vous aimer correctement les autres si vous ne vous aimez pas vous-même ?

CHAPITRE 3

# LE PARDON

*Le pardon est l'ultime revanche.*
SRI CHIMOY.

# PÈRE, PARDONNEZ-LEUR : ILS NE SAVENT PAS CE QU'ILS FONT

J'entends d'ici le lecteur impatient : *Alors, ça y est ! Maintenant, plus de problèmes. Vous avouez être guérisseuse. Les ennuis financiers sont terminés. Et, peut-être, avez-vous rencontré le compagnon idéal ?*

Eh bien, au risque de vous décevoir, je dois avouer la vérité : rien n'était encore vraiment réglé. D'accord, il y avait une amélioration mais elle était loin d'être complète. Je repris donc mes questionnements :

Question : Pourquoi la situation n'est-elle pas complètement débloquée ?

Réponse : Tu as certainement oublié un point important.

Question : Mais je ne vois pas lequel.

Réponse : Et le pardon, qu'en as-tu fait ?

Question : Mais je n'en veux à personne.

Réponse : Cherche bien...

Mes fameuses lectures - toujours elles - mettaient l'accent sur une clé indispensable à tout changement : le pardon. Je ne voyais pas en quoi je pouvais être concernée. Je pensais pardonner facilement. Il me semblait avoir une importante capacité innée à oublier les offenses, ce qui, pour moi, voulait dire pardonner. D'ailleurs, mon entourage amical m'avait toujours encouragé dans cette bonne opinion de moi-même : *Comment peux-tu oublier si facile-*

*ment ce qu'il - ou ce qu'elle - t'a fait ? Moi, à ta place, il y a longtemps que j'aurais coupé les ponts...*

D'ailleurs, un incident anodin allait dans ce sens. Comme toute mon ex-belle-famille, l'une de mes cousines par alliance avait pris fait et cause contre moi. Quelques mois plus tard, la voyant monter avec beaucoup de difficultés les escaliers d'un bâtiment public de notre ville, handicapée par un pied bandé, sans réfléchir, je me précipitai pour l'aider et reçus son *Ne me touche pas !* comme un coup de poignard. Je lui répondis alors, sans grande gentillesse et j'entends encore mon égo claironner : *Tu vois, Nicole, tu viens de prendre une bonne leçon. Il ne faut pas oublier si facilement les différends que l'on a avec autrui.* Car l'égo cherche toujours à nous faire croire que pardonner, c'est montrer de la faiblesse.

Dans «Transformez votre vie», Louise Hay dit qu'il est de la plus haute importance de fouiller notre vie pour trouver ceux à qui nous n'avons pas pardonné quelque chose. Il faut chercher dans notre enfance, notre adolescence, notre famille, nos enseignants, dans toutes nos relations.

Le gros problème, pour moi, était la relation avec ma mère. Mais malgré les méchancetés qu'il me semblait qu'elle m'avait faites ou qu'elle avait fait autour d'elle, je ne l'avais jamais abandonnée. D'ailleurs, je la considérais comme psychiquement malade et, n'est-ce pas, on n'en veut pas à un malade. Il me semblait donc que je lui avais pardonné, au fur et à mesure. Mais était-ce bien vrai ?

Et mon père ? Je venais de découvrir la rancune que m'avait occasionnée son départ à la guerre que j'avais vécu comme un abandon. Lors d'une séance de sophrologie en groupe, alors que le thérapeute demandait de visualiser un fruit, j'avais été la seule à voir apparaître une orange. Je pensais d'abord qu'elle me rappelait le soleil, les années passées en Afrique. Mais, le soir, en m'endormant, un souvenir jusque-là occulté vint à mon esprit : c'était le premier Noël après guerre. Une petite fête avait été organisée pour les enfants des militaires et je reçus deux oranges. Je n'en avais encore jamais vu. C'est certainement l'un des cadeaux qui me fit le plus grand plaisir de mes Noëls d'enfant. En tout cas, le seul dont le souvenir soit resté intact après toutes ces années.

J'en avais savouré une et je laissai la seconde pendant quelque temps sur le buffet de la salle à manger. Je venais de temps en temps la contempler. Je faisais ainsi durer le plaisir. Et, un jour, pour me punir de quelque désobéissance, mon père la mangea sous mes yeux. Cela peut paraître bien anodin pour ceux qui n'ont qu'à entrer dans une épicerie pour en avoir une autre. Mais tous ceux qui, pour une raison ou une autre, ont connu des restrictions comprendront mon chagrin d'enfant, et que ce souvenir soit resté profondément ancré en moi.

Lui avais-je également pardonné ce que je considérais comme faiblesse : sa passivité pour éviter tout conflit avec ma mère ? Pourtant, je savais bien que, avant de juger l'autre, il fallait, comme le dit le proverbe indien, *faire un kilomètre dans ses mocassins.*

Pas de frère ni de soeur puisque fille unique, cela devait, en quelque sorte, simplifier le problème. Or, lors d'une séance de Reiki (méthode de transmission de l'Energie universelle), l'imposition des mains de ma compagne, au niveau du chakra du coeur, déclencha une crise de désespoir où je sanglotais : *Françoise, Françoise, pourquoi es-tu partie ?* Ce chakra est le centre de nos émotions et il correspond au thymus. Or, par hasard, ma soeur est décédée d'un dysfonctionnement du thymus. Est-ce que je ne lui en voulais pas ? Indirectement, ne la considérais-je pas comme la vraie responsable de toutes mes souffrances ?

Je passai également au crible mes relations avec mes grands-parents, mon oncle, ma tante, mes cousins et cousines. Tout semblait clair : je les avais si peu côtoyés. Pourtant, un rêve me montra combien, avant mes trois ans, j'étais déjà choquée par la passivité de mon grand-père maternel vis-à-vis de ma grand-mère. Décidément, dans les familles, on retrouve souvent les mêmes schémas. Ce grand-père était directeur de la Caisse d'Epargne de Versailles. Au départ de mon père, nous étions venues nous installer dans deux pièces dépendant de son appartement de fonction. Le dimanche, il m'emmenait avec lui faire l'inspection des bureaux.

Mon rêve me fit revoir toutes les salles de la Caisse d'Epargne, dans l'ordre où il faisait sa visite : les bureaux, la salle du conseil avec la table recouverte jusqu'au sol d'un grand tapis de feutrine verte, la salle des coffres avec toutes ses armoires aux serrures innombrables et surtout les énormes grilles qu'il fallait ouvrir pour y entrer. Et puis mon rêve me montra le contraste entre cet homme, avec toute son autorité et sa prestance, et celui qui entrait ensuite dans l'appartement où ma grand-mère lui donnait immédiatement l'ordre de mettre de vieux vêtements et de vieilles pantoufles. Il obéissait, sans rien dire. Est-ce qu'à lui aussi j'en voulais de cette passivité ? L'homme que j'avais admiré descendait soudain de son piédestal.

Restaient mon ex-mari et mon ex-belle-mère. La vie qu'ils avaient connue avec respectivement deux frères et deux enfants mongoliens, à une époque où, souvent, les handicaps de la sorte étaient considérés comme une tare, faisait que je comprenais bien leur aigreur. Mais, il est sûr qu'au moment de notre divorce, je leur en ai voulu de certaines de leurs attitudes à mon égard. J'en ai surtout énormément voulu à mon mari, gérant de la société où nous travaillions tous deux, de m'avoir licenciée de mon emploi. Mais, peu à peu, je lui en étais, au contraire, devenue reconnaissante. Il est, par ce renvoi, en quelque sorte responsable du Chemin que je suis maintenant.

Un souvenir me revient souvent à l'esprit. Lorsqu'il me donna ma lettre de licenciement, des années de rancoeur inexprimée revinrent à la surface. Nous étions, tous deux, enfermés dans notre bureau et je laissai sortir toute la colère, tous les reproches accumulés durant nos vingt-trois années de vie commune. Je n'ai aucun souvenir de ce que j'ai pu lui dire. Seule, sa phrase finale, que je pris alors pour une injure, me reste encore aux oreilles : *Toi, telle que je te vois, tu vas sombrer dans le mysticisme.*

Il est certain aussi que je regrette - surtout pour nos enfants - que notre rupture ne se soit pas passée de façon plus harmonieuse. Alors, lui avais-je réellement pardonné ?

J'ai tellement changé d'écoles que je ne garde pratiquement pas de souvenirs de mes professeurs. Donc, là, apparemment, pas de problèmes. Restait ma vie professionnelle. Il me sembla que, de ce côté-là non plus, je n'avais rien à pardonner. Je ne me souvenais pas de litiges, ni avec mes supérieurs ni avec les personnes que j'avais commandées. Juste un petit regret : Qu'un licenciement n'ait pu se passer dans de bonnes conditions. Est-ce que je n'en voulais pas à cette jeune femme de n'avoir pas compris mes motivations ?

Mais tous ces retours en arrière m'apprenaient énormément. En fait, je n'avais réellement pardonné à personne. Ni à ma mère, ni à mon père, ni à Françoise, ni même à mon ex-mari. Et j'avais tout enfermé en moi, tout gardé afin de ne pas ternir l'image de la petite fille bien sage que désirait ma mère. Mais, surtout, c'est à moi que je ne pardonnais rien. Durant toutes ces années, ma raison trouvait des excuses au comportement des autres. Je les considérais coupables mais pas responsables.

La première image humaine que j'avais entrevue au travers de ma mère me semblait tellement fragile et infantile que j'imaginais tous les êtres humains aussi fragiles et infantiles. Et je n'attirais à moi que des êtres fragiles et infantiles. Et comme j'avais été la mère de ma propre mère, je pensais qu'il me fallait être la mère de tout le monde, et je ne me pardonnais pas de ne pouvoir réussir à rendre tout le monde heureux.

La connaissance de la loi de cause et d'effet m'avait appris que j'ai choisi ma famille, mes parents, en fonction des leçons que j'étais venue apprendre sur terre. Dans une autre vie, j'avais sans doute fait subir à d'autres les souffrances et les peines que j'endurais dans celle-ci. Cela m'avait beaucoup aidée à mieux supporter et à accepter mes parents.

Savoir aussi qu'il n'existe que deux émotions, l'amour et la peur, m'a aussi ouvert d'autres horizons. La jalousie est une expression de la peur. L'agressivité, c'est la peur. L'intolérance, c'est la peur. Si l'on regarde bien, tout se résume par la peur de ne pas être aimé. Et je découvrais que les excuses que j'avais trouvées à mes comportements et à ceux des autres ne servaient à rien. Il fallait simplement admettre et accepter que chacun de nous avait agi, à un moment donné, avec la connaissance qu'il avait à ce moment-là.

PARDONNER, c'est accepter de voir l'autre tel qu'il est aujourd'hui et non pas tel qu'il était hier, lorsqu'il m'a fait mal. Me pardonner, c'est accepter de voir qu'hier, je n'ai pu agir comme je le ferais aujourd'hui car je n'avais pas le même niveau de conscience, pas la même connaissance.

Il faut donc aussi admettre que si l'on garde un tant soit peu de colère, de rancune, de culpabilité, c'est que l'on n'a pas encore totalement admis que nous sommes entièrement responsables de notre vie, que nous attirons à nous tout ce qui est notre reflet. Nous n'avons pas encore intégré - ou plutôt réintégré - en nous la connaissance du fonctionnement des lois de l'Univers.

Si je ne pardonne pas à ma mère, moi qui suis une femme, c'est la femme en moi que je n'accepte pas. Pas étonnant que j'ai tant refusé mes capacités intuitives.

Si je ne pardonne pas à mon père, ce sont tous les hommes, au travers de lui, que je condamne. Pas étonnant que je ne rencontre pas de compagnon.

Le PARDON est le plus grand des «débloqueurs» de nos blocages énergétiques. Lorsque vous avez pardonné, les miracles arrivent. La compréhension avec l'autre devient meilleure, peu importe si l'autre a changé ou pas, vous le voyez changé.

Mais comment arriver à pardonner ? Le plus simple serait de pouvoir aller voir l'autre et de le - ou la - prendre dans vos bras. Mais certaines personnes ont tellement peur d'être aimées qu'elles y verraient une agression supplémentaire. Cela, je l'ai compris récemment. Lorsque mon ex-beau-père, qui venait d'accueillir sa femme dans l'Au-Delà, vint m'expliquer l'agressivité de ma belle-mère à mon égard, en ces termes : *Votre gentillesse lui faisait peur.*

Alors, pour ne pas effrayer encore plus l'autre, demandons-lui pardon mentalement. Nous connaissons maintenant suffisamment la puissance de la pensée pour savoir que cela fonctionne très bien. Imaginons le discours que nous lui tiendrions : *Tu sais, X ou Y, j'ai compris maintenant que c'est ta peur qui t'a fait agir ainsi en telle ou telle circonstance. Alors, pardonne-moi d'avoir aussi réagi avec mes propres peurs.*

CHAPITRE 4

# LA RÉSISTANCE AU CHANGEMENT

*La souffrance et la douleur ne viennent pas de la volonté de Dieu mais plutôt de notre propre résistance à notre Energie divine.*
Lise BOURBEAU.

# TOUS LES SCHÉMAS DE RÉSISTANCE DOIVENT ÊTRE ABANDONNÉS

Louise HAY.

Avant de commencer l'écriture de ce livre, j'avais eu la chance de rencontrer l'éditeur Robert Laffont. Celui-ci m'avait conseillé un travail qui s'était avéré jusqu'à présent fort utile. Faire d'abord un plan et un résumé de chaque chapitre. Cela m'avait permis de mettre de l'ordre dans mes idées et je lui en étais reconnaissante. Cela m'a aidée jusqu'au début de la deuxième partie. Jusque-là, j'avais respecté le programme que je m'étais imposé. Les mots, les phrases, les idées arrivaient à moi assez facilement et, tout d'un coup, c'était le blocage complet. J'essayais de continuer malgré tout mais chaque page que j'écrivais aboutissait dans la corbeille à papier.

Au bout de quelques heures, je décidai d'arrêter. Cela faisait maintenant deux semaines que je m'étais astreinte à un régime draconien : lever à cinq heures, chaque matin, et à ma table jusqu'à vingt-deux ou vingt-trois heures, avec juste quelques arrêts pour les plus stricts besoins ménagers ou quelques pas autour de la maison. Il me fallait certainement une coupure.

Pour ne pas avoir trop mauvaise conscience en m'accordant cette pause, je décidai de relire «Transformez votre vie», de Louise Hay. Je l'avais déjà lu, cinq ou six ans auparavant.

Seulement, quand vous n'êtes pas prêt à entendre quelque chose, on peut vous le dire - ou vous pourrez le lire - mille fois, vous ne l'intégrerez pas dans votre ordinateur mental.

Et là, soudain, ce blocage au niveau de l'écriture me rappelait les blocages de ma vie. Grâce à Louise Hay, je comprenais qu'il y avait en moi une énorme RÉSISTANCE au CHANGEMENT.

Le lendemain, je changeai le plan établi et l'écriture revint avec facilité. Combien de fois n'avais-je pourtant expérimenté ces arrêts dans la course des choses ? Je savais, depuis longtemps, que lorsque malgré beaucoup d'efforts de volonté, les événements ne s'enchaînent pas avec aisance, il y a indication de fausse route. On s'en souvient, j'en avais eu la preuve avec ce magasin que je n'arrivais pas à vendre. Et combien d'autres fois, depuis...

J'avais appris à me CONNAITRE
J'avais appris à mieux M'AIMER
J'avais appris à ne plus CULPABILISER
J'avais appris à me PARDONNER

Et pourtant, tout n'était pas encore réglé. J'osais dire que j'étais guérisseuse. Et si j'avais cru, un temps, les ennuis financiers solutionnés, la librairie enregistrait, en ces mois d'été, un mauvais chiffre d'affaires qui destabilisait un équilibre déjà bien fragile. Et j'étais toujours seule. Ce dont je croyais être heureuse : comment aurais-je pu intégrer un compagnon dans ma vie actuelle ? J'étais tellement convaincue que mon rôle était de *m'occuper de l'autre* que je n'envisageais pas encore la possibilité de rencontrer un être autonome.

Tout d'un coup, la lumière se fit. Je RÉSISTAIS au CHANGEMENT. En fait, puisque ces états persistaient et que la cause ne pouvait être qu'en moi, c'est que je ne voulais pas changer. Je refusais le changement.

Quelle découverte ! Malgré ce Chemin de Vie 5 dont j'étais fière et qui m'avait permis de m'adapter à trente-six habitations différentes, à supporter sans mal une scolarité chaotique, à passer allègrement de professions aussi variées que l'enseignement des sciences naturelles, la création et la direction d'une entreprise de décoration, à divers commerces pour arriver à cette librairie ésotérique, je m'apercevais avec stupeur que je ne devais pas aimer le changement.

Ce travail, que l'on entreprend lors de cette recherche du changement intérieur, est passionnant. Tant que nous n'avons pas complètement débloqué une situation, c'est qu'il reste dans notre Subconscient une croyance «non bénéfique» mais que nous croyons «bonne» pour nous. Et tel Sherlock Holmes, il nous faut débusquer cette structure mentale. Sinon, pas d'amélioration possible. *Je ne vais mal que tant que je trouve bien d'aller mal,* écrit Angélika Hoefler dans «Trois karmas, la chance de la vie».

Je continuai donc l'écriture de ce livre. Et tout alla bien jusqu'au moment de commencer ce chapitre sur la résistance au changement. Chaque soir, avant de m'endormir, j'avais pris l'habitude de penser à l'écriture du lendemain. Ce soir-là, je fus dans l'impossibilité totale de réfléchir à ce que je devais écrire. Soudain, mes pensées s'envolèrent vers d'autres préoccupations. Il me sembla urgent et impératif d'aller, dès le lendemain, à Bastia pour prendre mon billet de retour sur le continent. J'étais convaincue que cela ne pouvait attendre et que je ne pouvais confier cette tâche à personne d'autre. Il fallait y aller moi-même, et sans retard.

Après la matinée passée à Bastia, je revins vers mon petit village tranquille. Là, je ne comprenais pas ce qui se passait en moi. J'étais envahie par une immense fatigue et dans l'incapacité totale de me mettre à écrire. Je ne savais où j'étais bien. Dans la maison, j'avais envie d'être dehors et, dehors, je pensais que je serais mieux à l'intérieur. Seul idée : me coucher et dormir car je savais que, pour moi, le sommeil est toujours le meilleur des remèdes. Mais, cette fois-ci, j'avais l'impression qu'il s'agirait d'une fuite.

Comble de malheur, j'avais été piquée par un insecte inconnu et, pour la première fois de ma vie, j'étais couverte de cloques énormes accompagnées de démangeaisons insoutenables. Le Remède d'urgence du Docteur Bach n'y faisait rien. Le Tégarome du Docteur Valnet non plus. Et la pharmacie était à une demi-heure de route.

Mon corps protestait. Il manifestait un déséquilibre, un mal-être. Comme je savais qu'il n'y a pas de hasard, ces démangeaisons et cette fatigue m'intriguaient. Oh ! Direz-vous peut-être, ce n'était que des piqûres d'insecte ! Mais je savais qu'elles voulaient me faire comprendre quelque chose. Chaque piqûre avait provoqué une cloque de près de cinq centimètres de diamètre et ce n'était pas habituel chez moi. Lise

Bourbeau et Louise Hay m'ayant appris que dans le langage du corps, ces démangeaisons indiquent l'envie de faire quelque chose de nouveau sans pourtant céder à ce désir. Et cette fatigue était la preuve que j'avais l'impression d'être dépassée, que j'éprouvais un sentiment d'impuissance.

C'est vrai, je savais que je devais changer quelque chose en moi. J'avais envie d'une vie plus douce. Et en même temps, j'avais l'impression que je ne savais plus quoi faire pour y parvenir.

Ce chapitre sur la résistance au changement était difficile à mettre en place, tout simplement parce que je ne voulais pas voir en face la cause de cette résistance au changement. J'avais envie de changer et j'avais peur de changer. L'être humain est ainsi fait que, étant habitué à être mal, il préfère souvent rester dans cet état plutôt que d'aller vers ce qu'il ne connaît pas. Même s'il sait que cet inconnu doit lui apporter un mieux-être.

Plus la soirée avançait, plus j'étais mal. Mon mental s'emballait : *Je suis certainement allergique à ces fichus insectes ; demain, les cloques vont être encore plus grosses ; il faudrait que j'aille consulter un médecin ; et je n'ai pas de couverture sociale, en ce moment, etc.*

Pour le faire taire, ou plutôt ne pas l'écouter, je regardais un film idiot à la télévision. Je me couchais. Impossible de dormir : la souris qui me tenait compagnie, depuis quelques jours, était devenue encore plus intrépide. Elle avait élu domicile dans le placard aux provisions. Je me relevais. Je n'arrivais pas à la dénicher. Je me recouchais. Et, soudain, la situation me parut très drôle. J'éclatai de rire : *As-tu oublié la force des pensées négatives ? Tu sais bien qu'il ne nous arrive que ce que nous sommes capables de supporter, et tout est leçon. Alors, je n'ai qu'à me détendre et faire quelques respirations profondes, et tout ira mieux.*

Soudain, je voyais où je résistais et surtout pourquoi je résistais. Ouf ! Je réussissais à m'endormir. Au matin, je me réveillais fraîche et dispose. La fatigue et les démangeaisons étaient envolées. Les cloques étaient toujours là mais je n'avais plus envie de me gratter.

Avant de commencer à écrire, j'ouvrais, comme chaque jour, «La Petite Voix», d'Eileen Caddy : *Mon organisation est parfaite. Pourquoi ne pas l'accepter ? Qu'il n'y ait pas de résistance en toi mais trouve liberté et joie parfaites alors que le plan se déploie.* Il s'agit du Plan divin et de l'Organisation divine.

Je venais de faire une grande découverte : Je ne voulais pas réussir car je ne voulais pas déplaire à Maman, et je voulais qu'elle m'aime... Réussir, c'est être autonome, indépendant, se suffire à soi-même. Réussir, c'est prendre son envol. Or, Maman pense qu'elle n'est pas aimée si l'on n'est pas à ses côtés. Pour la rendre heureuse et sentir qu'elle m'aime, il ne faut pas que je réussisse puisque cela va m'éloigner d'elle...

Réussir, cela veut aussi dire avoir de l'argent. Je découvrais que je ne voulais pas réussir par peur de perdre l'amour des autres. Il y a toujours un bénéfice à ne pas vouloir changer. Pour moi, le «bénéfice» d'avoir des problèmes financiers est d'obtenir de l'amour. C'est de savoir que je suis aimée. Et j'ai tellement peur de perdre cet amour que je ne m'autorise pas à avoir de l'argent. Sans m'en rendre compte, j'avais joué à la victime pour garder l'amour, la compassion et l'admiration de mes amis. Je ne pensais pas que l'on puisse m'aimer pour moi-même... ou admirer mes vraies qualités. Décidément, il est toujours question d'amour et de peur.

Je VEUX de l'amour

J'ai PEUR de perdre cet amour

Ceci était bien le résultat de mes mauvaises croyances mémorisées dans mon Subconscient. Ma résistance au changement venait du fait que je savais que mes amis m'aimaient sans argent et me le prouvaient. J'avais peur qu'ils ne m'aiment plus avec de l'argent... puisque j'avais toujours cru que c'était une chose méprisable.

La résistance au changement peut se manifester de nombreuses manières. Pour ne pas changer, nous utilisons ce que nous appelons des stratégies. Personnellement, j'en ai utilisé deux. J'ai utilisé l'excuse du temps et celle de l'argent.

L'écriture d'un livre sert souvent de psychothérapie en nous permettant de nous pencher sur nos fonctionnements. Depuis des années, je remettais cette tâche toujours à plus tard. A mes amis et à ceux de l'Au-Delà qui m'exhortaient à écrire, j'opposais toujours ce fameux *Je n'ai pas le temps.* Oh ! la bonne excuse ! En juin 1987, mes arrière-grands-parents me faisaient parvenir le message suivant : *Il faut vous activer sur vos écrits, tout le monde, là-haut, trouve que c'est trop lent. Vous devez mettre sur papier tout ce qui circule dans votre tête. Cela vous aidera mentalement.* Et je leur ai répondu : *Je n'ai pas le temps !*

Et mon beau-père de me rappeler à l'ordre, lui aussi, le 4 septembre 1989 : *Ecris, écris... Lis moins...* Et comme je lui opposais la même raison, il me donnait un conseil : *Pars en Corse.* Ce que je fis peu après, mais pas pour écrire. J'avais tellement peur de changer, et sans doute de découvrir ce que je ne voulais pas voir en moi, qu'il m'a fallu sept ans avant de commencer à écrire, et huit ans avant de comprendre que j'avais peur du changement.

L'autre technique d'ajournement que j'utilisais était mon manque de moyen financier : je ne pouvais écrire mon livre tant que je n'avais pas réglé toutes mes dettes et tant qu'il y avait encore des difficultés à régler les échéances de la librairie. Et pourtant, je connaissais bien le processus à mettre en place pour obtenir la réalisation de nos désirs : savoir exactement ce que l'on veut réaliser ; visualiser et faire toutes les actions, toutes les démarches en vue de cette réalisation. L'Univers se charge alors de nous envoyer les moyens nécessaires. Je l'avais expérimenté cent fois...

C'est ce que j'avais fait, chaque fois que j'avais créé une affaire commerciale. Cela avait en particulier été le cas lors de l'ouverture de la librairie. Je n'avais absolument pas la capacité financière de le faire mais j'avais fait comme si je l'avais : j'avais liquidé le stock de mon magasin de lingerie ; je m'étais documentée auprès d'une libraire ; j'avais contacté les éditeurs, passé les commandes, fait le plan de transformation du magasin, mis une pancarte annonçant l'ouverture prochaine d'une librairie ésotérique, proposé un compte d'exploitation provisionnel aux banques. Trois semaines avant l'ouverture, tout était organisé. Mais je n'avais pas le financement ! Toutes les banques avec lesquelles j'avais travaillé jusqu'alors, et à cause de mes mauvais résultats, refusèrent mon projet. Finalement, mon amie libraire demanda à sa propre banque de contacter l'agence correspondante, à Châteauroux, et celle-ci, sur la vue des excellents résultats de mon amie, accepta de débloquer un crédit. Cela, ainsi qu'une aide de mes parents, me permettait d'ouvrir... mais ne solutionnait pas définitivement les problèmes, puisque je n'avais pas encore compris que je pouvais me passer d'eux.

Personnellement, j'avais utilisé ces deux stratégies pour reculer l'arrivée du changement. Ce sont certainement les plus courantes. Nous avons tous, autour de nous, des amis qui n'ont pas le temps d'aller à un stage d'ouverture de la conscience mais n'hésiteront pas à aller à un concert à Paris. Ou une amie qui n'a pas les moyens de s'offrir un livre alors qu'elle achète régulièrement des robes qu'elle ne porte pas forcément.

Mais il y a bien d'autres stratégies. A vous de trouver les vôtres. La fuite est souvent une excellente parade. Je me souviens en particulier de cette personne, ayant pris un rendez-vous avec un thérapeute, en plein milieu d'après-midi, pendant que ses enfants étaient à l'école, et qui, au bout d'un quart d'heure de consultation, se levait, affolée, se souvenant que, juste ce jour-là, l'un d'entre eux sortait plus tôt. Il y a aussi ceux qui arrivent régulièrement en retard à leur rendez-vous chez le thérapeute. Ceux qui pensent : *Les psychothérapeutes ne sont valables que pour les fous, etc.*

Je savais très bien qu'il y avait un blocage quelque part. J'enseignais aux autres que s'attaquer à un symptôme est inutile si l'on n'en connaît pas la cause. Et au lieu de chercher la cause de mon blocage, je m'accusais de manquer de foi. Ce qui m'amenait encore à culpabiliser.

Certains d'entre vous auront peut-être la curiosité de se demander si je résistais aussi au changement en n'ayant toujours pas de compagnon dans ma vie. Ma résistance, dans ce domaine, était tellement forte, j'avais tellement peur de souffrir par une nouvelle relation amoureuse que je préfèrais croire qu'il n'y avait pas urgence de ce côté-là. Me disant même : *Je ne peux pas tout régler à la fois.* Alors que ce n'est pas moi qui règle les événements, mais l'Energie Divine qui est en moi.

Toutes les «bonnes» raisons qui me faisaient croire que j'appréciais totalement ma solitude n'étaient, en fait, que des «mauvaises» raisons. Cela, je l'avais compris depuis quelques mois lorsqu'une amie m'avait fait remarquer qu'un homme, rencontré un an auparavant, avait certainement, comme l'on dit pudiquement, des sentiments pour moi. J'en eus véritablement la peur au ventre avec tous les symptômes adéquats. Je n'exposerai pas ici tout le processus mais je m'apercevais combien j'étais complexe et incohérente :

Je voulais être aimée
Et j'avais peur d'être aimée

*Parce que l'amour est la plus puissante force de l'Univers, c'est aussi celle qui fait le plus peur jusqu'à ce qu'on y soit entré complètement,* peut-on lire dans le «Livre d'Emmanuel».

CHAPITRE 5

# LE LACHER-PRISE

*Ce qui nous fait peur*
*perd tout pouvoir sur nous*
*dès que nous lâchons prise.*
A JODOROWSKI.

# QUE TA VOLONTÉ SOIT FAITE

Avec cette résistance au changement, je voyais combien j'avais aimé me faire souffrir et je prenais soudain conscience qu'il serait agréable d'avoir une vie plus facile.

Je me voyais signer les chèques correspondant à mes derniers retards de paiement, dire à Solange : *Tu vas maintenant travailler à la librairie à temps plein.* J'allais aussi agrandir la librairie, installer le coin salon de thé que les clients réclamaient depuis quatre ans afin de pouvoir se retrouver, discuter des derniers ouvrages, partager leurs expériences. Je voyais la grande salle qui permettrait d'organiser davantage de conférences, dont certaines en après-midi pour les personnes qui ont des difficultés à sortir le soir. Cette pièce servirait aussi pour des cours de yoga, de sophrologie, et de taï-chi, etc. Il y aurait aussi un ou deux bureaux pour les thérapeutes.

Et ma vie personnelle devrait être, elle aussi, plus douce, plus agréable. J'achèterais cette maison dont je rêvais depuis que, pour sauver la librairie, j'avais dû vendre celle où je vivais lorsque j'ai démarré mon enquête. Depuis deux ans, je vivais chez des amis et je désirais maintenant habiter à la campagne, dans une maison recouverte de vigne vierge. Je voulais des hortensias et des arbres fruitiers. J'avais besoin d'un cadre agréable, d'un havre de calme et de paix...

Je rêvais ? Non, j'anticipais sur la réalité.

Comment financer tout cela ? A vrai dire, je n'en savais rien. Ce n'était absolument pas mon problème. Je savais que notre travail consiste seulement à organiser les projets, à faire les démarches nécessaires pour qu'ils aboutissent. Le reste est l'affaire de l'Univers. Ce qui ne nous empêche pas de faire des bilans prévisionnels. Je savais que si ces projets étaient bons pour moi, l'Energie Divine m'enverrait les moyens de les réaliser.

Je LACHAIS PRISE.

Avant même d'avoir commencé ce chemin de recherche spirituelle, j'avais souvent expérimenté le pouvoir du lâcher-prise. Comme Monsieur Jourdain faisait de la prose sans le savoir, je faisais du lâcher-prise. Je me souviens en particulier d'un immeuble que je désirais acheter parce qu'il convenait très bien pour l'entreprise de décoration. Nous avions fait une offre qui n'avait pas été retenue, étant inférieure à celle d'un promoteur, et malgré cela, chaque jour, je passais devant cet immeuble et imaginais ce que nous pourrions en faire. Le besoin était urgent, aussi faisions-nous d'autres recherches qui s'avéraient vaines. Quelques mois plus tard, le promoteur s'étant désisté, nous pouvions acheter l'immeuble au prix désiré.

Pour régler mes problèmes financiers, j'avais régulièrement utilisé le lâcher-prise, mais consciemment, cette fois. Seulement, comme je n'avais pas réellement envie de changer, il y avait rapidement réapparition des mêmes problèmes.

En quoi consiste ce fameux lâcher-prise ? Il

s'agit simplement d'une expression différente pour dire ce que Jésus nous a appris dans le «Notre Père» : *Que ta volonté soit faite.* Ou ce que les musulmans traduisent, eux, par *Inch'Allah*, si Dieu le veut.

Bien sûr que Dieu le veut. Seulement, les religions judéo-chrétiennes et musulmane ayant retenu l'existence d'un Dieu vengeur, comptable de nos petits ou gros péchés, cette phrase peut nous paraître effrayante. Que va-t-il donc vouloir pour nous ? Nos Eglises nous ayant inculqué la nécessité de la souffrance, nous nous faisons tout petit, nous nous recroquevillons, nous avons peur et nous espérons qu'il va nous oublier dans un coin et nous n'osons prononcer ce *Que ta volonté soit faite.* Pourtant, un Père ne peut vouloir que de bonnes choses pour ses enfants...

Regardez le sourire, la sérénité des peuples qui ont retenu l'enseignement du Bouddha. Ils sont conscients - même dans la pire des pauvretés - que Dieu n'est pas responsable de leurs souffrances. J'ai eu l'occasion de voir, récemment, côte à côte, des moines tibétains et un prêtre catholique. Les uns rayonnaient, l'autre faisait triste mine.

*Le lâcher-prise,* écrit Maddly Bamy, *c'est s'appliquer à diriger son énergie, faire qu'elle trace son chemin, sans contrainte, sans avoir à forcer des barrages.* Nous avons vu que l'être humain est constitué de sept corps. Nous avons distingué quatre corps inférieurs et trois corps supérieurs ou spirituels. Les enseignements bouddhiques, réjoignant ceux des ésotériques, nous apprennent que l'avant-dernier corps -

appelé corps buddhique - nous permet de connaître l'amour désintéressé, l'amour divin, alors que le dernier - corps atmique - est celui de la toute puissance divine, celui qui donne le pouvoir sur la matière.

Entre les corps inférieurs et les corps supérieurs se trouve le corps mental. Nous l'avons séparé en mental inférieur, rattaché aux corps inférieurs, et mental supérieur, rattaché au corps supérieurs. Nos corps supérieurs, ce que, pour simplifier, nous avons appelé le Moi supérieur, est en contact avec la Source de toute Energie, c'est-à-dire l'Energie Divine. Il est directement connecté à cette Energie. Si nous n'encombrons pas le corps mental de «parasites», de pensées négatives, de pensées de restriction, l'Énergie Divine coule au travers de nos différents corps. C'est, en somme, comme avec le téléphone : notre correspondant nous entend d'autant mieux que la ligne n'est pas encombrée.

Si, un jour, vous désirez une chose, puis, le lendemain, une autre, et qu'en plus, votre mental pense que vous ne méritez pas ce que vous demandez, la Source ne peut répondre à votre demande. C'est par le lâcher-prise que se fait la connexion avec la Source Divine et que nous pouvons connaître ce que l'on a l'habitude d'appeler «miracles». Certains grands malades se sont vus complètement guéris physiquement lors d'expériences où ils remettent complètement leur sort à cette Energie. Lorsqu'ils se mettent entre les mains de Dieu.

Lorsque nous serons totalement conscients que l'Energie Divine - Notre Père - ne peut que désirer ce qu'il y a de mieux pour nous, nous oserons alors lui laisser complètement les rênes de notre vie. Avoir la foi, c'est avoir cette certitude, sans aucune faille, que nous pouvons obtenir ce que nous désirons. Ne dit-on pas que la foi peut déplacer des montagnes ?

Si Jésus, Bouddha, les grands Saints ont pu accomplir tous leurs miracles, c'est parce qu'ils avaient totalement intégré les lois de l'Univers. Ils avaient une confiance absolue de la présence en eux de l'Energie Divine.

Nous avons appris que, dans l'Univers, tout est vibration. Seules, les longueurs d'onde des vibrations varient. La matière a une vibration basse. Pour nous, un mur est quelque chose de dur contre lequel nous pouvons nous cogner. Pour les physiciens, ce sera un assemblage d'atomes en perpétuel mouvement vibratoire. C'est la qualité de la vibration des atomes qui donnera la consistance plus ou moins dure de la matière. Si un corps de vibration plus rapide que lui s'approche de ce mur, il pourra passer au travers.

Notre corps physique est, lui aussi, constitué d'atomes de vibration lente, ce qui lui donne sa cohésion... mais nous empêche de traverser les murs. Dès que nous changeons de taux de vibration, il nous devient possible de traverser la matière. Lorsque nous sommes passés dans cet état de vie que nous appelons la mort, nous sommes débarrassés de notre corps physique, nous pouvons alors traverser les murs. Nous avons l'explication des apparitions de nos disparus, des «fantômes» visibles des seules personnes ayant des qualités médiumniques.

C'est ce qui explique aussi les «pouvoirs» de certains Saints qui, en particulier, peuvent être vus en même temps à des endroits différents. Ils ont le don d'ubiquité. Leur corps physique se trouve à leur lieu de résidence habituel et il y a projection d'une partie de leurs corps subtils là où cela est nécessaire. Par exemple, pendant la dernière guerre, Padre Pio, ce moine italien dont j'ai déjà parlé, avait promis de protéger son village, San Giovanni Rotondo. A côté de celui-ci se trouvait un dépôt de munitions. Une escadrille de bombardiers américains fut chargée de le supprimer. Quelle ne fut pas la surprise du chef pilote de se voir barrer la route, en plein ciel, par un moine, bras en croix devant l'avion. Il donna l'ordre de faire demi-tour. Lorsqu'il raconta son aventure, tous les Italiens présents reconnurent la description de ce fameux moine qui, à cette heure-là, était en train de prier dans son couvent.

Ces phénomènes sont possibles parce que de tels êtres ont réussi à harmoniser leurs différents corps et vivent «branchés» en permanence à un niveau supérieur. Les vibrations de leurs corps sont en phase avec l'énergie supérieure que l'on appelle Dieu. C'est pourquoi ils accomplissent des «miracles».

Lorsque nous aurons suffisamment élevé notre conscience vers ces énergies supérieures, nous pourrons aussi accomplir ou voir s'accomplir des miracles dans notre vie. Mais malheur à celui d'entre nous qui utilisera son «pouvoir» pour nuire à son prochain. Pour ces «êtres exceptionnels», les «miracles» sont d'autant plus faciles à réaliser qu'ils ont une confiance absolue dans les capacités de l'Energie Divine. Ils ont acquis une telle foi qu'ils sont, en permanence, reliés à la Source. Ils ont remis *leur volonté entre les mains de Dieu*, ce qui veut dire alors que leur volonté et la Volonté de Dieu ne font qu'un.

Lorsque nous nous sentons en harmonie, en affinité avec une personne de notre entourage, on dit que nous sommes sur la même longueur d'onde et nous connaissons un sentiment de bien-être extraordinaire. Souvenez-vous de l'énergie que vous avez lorsque vous êtes amoureux. Alors, imaginez l'état de bien-être que vous pourrez connaître en vous rapprochant de l'Energie du Champ Divin. C'est l'état éprouvé par les mystiques, ou par les personnes qui ont fait des expériences de NDE. Mais nous pouvons tous y tendre. A une seule condition : retrouver la conscience de la divinité en nous et, pour ce faire, calmer notre mental.

*Le vacarme permanent de la pensée nous empêche d'être à l'écoute d'un niveau de conscience supérieur, infiniment plus profond, clair et ordonné,* écrit Robert Linsen.

Comment parvenir à ce calme mental ? De nombreuses techniques existent qui loin d'être incompatibles sont, au contraire, complémentaires. Toutes les religions insistent sur la nécessité de la méditation. Suivant les enseignements, les méthodes de méditation varient. Méditer revient toujours à réserver, dans sa vie, des périodes de calme où l'on s'arrête de penser.

Il est recommandé de méditer chaque jour. La position idéale est celle des yogis ou des pratiquants du zen : assis, jambes repliées, genoux au sol, dos bien droit. Mais si des raisons physiques vous empêchent d'adopter cette posture, il vaut mieux méditer assis sur une chaise que ne pas méditer du tout. Il est bon aussi de pouvoir se réserver un endroit spécial, loin des bruits et des va-et-vient de la maisonnée. Le matin, au réveil, devant la fenêtre ouverte, face au soleil levant, est un moment idéal.

La méditation peut se faire avec ou sans musique. Au début, nous pouvons nous concentrer sur notre respiration, c'est-à-dire faire quelques inspirations et expirations conscientes, puis revenir à une respiration normale. Dans cette pratique, cherchant à mettre notre mental au repos, il n'est pas toujours facile d'empêcher les idées d'arriver à notre esprit. Il est recommandé de laisser passer chaque pensée sans s'y attacher, sans «ruminer». Si, de même, au cours de la méditation, une douleur arrive, essayez de ne pas vous y attarder. Laissez passer la douleur, elle indique une tension corporelle. Et si, vraiment, elle ne passe pas, changez doucement de position.

Il est souvent difficile, au début, d'entrer dans l'état de méditation, surtout si nous sommes stressés. Se retrouver au calme, avec soi-même, est parfois assez angoissant. Pour commencer, quelques minutes suffiront : cinq, dix, etc. Et vous serez ensuite étonnés de pouvoir arriver à une demi-heure et souvent plus.

La méditation régulière a un effet indubitable pour combattre le stress et faire taire la voix du mental, et vous faire percevoir celle de votre Moi supérieur. Vous vous apercevrez que, rapidement, et très peu de temps après votre méditation, vous trouverez la solution à vos problèmes quotidiens.

Le cerveau humain est constitué de deux hémisphères cérébraux. Il a été constaté que l'hémisphère gauche est celui de l'intellect, du raisonnement, de l'analyse. Lorsqu'il reçoit une information, il l'étudie, la synthétise mais souvent la modifie. L'hémisphère droit est celui de l'intuition, du sens artistique. Lorsqu'il capte une information, il l'intègre sans l'analyser.

Depuis le XIXe siècle et la montée du matérialisme, les occidentaux ont pensé pouvoir tout expliquer, tout analyser scientifiquement, privilégiant de ce fait l'hémisphère gauche par rapport à l'hémisphère droit, c'est-à-dire l'analyse au détriment de l'intuition. L'homme complet est celui qui écoute les messages en provenance de ses deux hémisphères sans aucune prédominance de l'un ou de l'autre; La méditation est un moyen d'obtenir une meilleure connection entre ceux-ci.

Des études ont été faites sur des encéphalogrammes de personnes en état de méditation. Elles montrent un passage du cerveau en ondes alpha. Le professeur Joyeux, de la faculté de Montpellier, a étudié, en particulier, le rythme cérébral des visionnaires du Medjugorge, dans l'ex-Yougoslavie. Depuis 1981, six personnes y ont, régulièrement, des apparitions de la Vierge Marie. Dans cet état contemplatif, leur rythme cérébral est celui des ondes alpha.

Roland Rech, disciple du moine Deshimaru qui introduisit le zen en France, relate, dans son livre «Moine zen en Occident», les expériences faites sur des personnes pratiquant la méditation zen. Je suis certaine que les résultats seraient les mêmes avec la pratique de n'importe quel type de méditation. Je lui laisse la parole : *Lors d'électro-encéphalogrammes effectués sur deux groupes d'individus, pratiquants et non-pratiquants du zen, on a observé que, dans le premier cas, si l'on provoque un stress violent, par un coup de pistolet à blanc, la personne va recevoir le bruit et se mettre à fonctionner en ondes béta en manifestant une perturbation profonde. Mais il y a très rapidement retour au calme et au rythme alpha antérieur. Pour le second groupe d'individus, qui ne pratiquent pas zazen, si on provoque le même stress, la personne va être perturbée beaucoup plus longtemps.*

*Autrement dit, zazen procure un état de détente et de vigilance, mais aussi une grande capacité à revenir à une condition normale, même si la personne a été perturbée. Cela ne signifie pas qu'un pratiquant du zazen soit insensible au stress, mais il sera plus apte à voir l'événement comme tel et à laisser passer l'émotion. Par contre, chez le non-pratiquant, l'émotion liée au stress va s'accumuler avec les autres émotions et ce processus peut alors durer plus longtemps.*

*J'ajoute que si l'on répète l'expérience, on constate que le non-pratiquant va s'habituer et deviendra insensible au bruit ; il n'aura plus la même intensité de perception. Chez le pratiquant, le niveau de perception reste le même ; il n'y a pas phénomène d'accoutumance.*

Chaque instant de notre vie peut devenir méditatif. Paco Rabane raconte, dans son premier livre, «Trajectoire d'une vie à l'autre», qu'il médite dans le métro. Vous pouvez méditer dans une file d'attente, devant un beau paysage, en marchant et, pourquoi pas, en vaquant aux tâches ménagères...

La prière est aussi un excellent moyen de calmer le mental. Certains d'entre nous s'en sont détournés, soit parce qu'ils avaient l'impression de rabâcher des paroles vides de sens, soit parce qu'il leur semblait faire des demandes qui restaient sans réponse. Ce manque d'efficacité est tout à fait normal lorsque l'on connaît les lois de l'Univers et en particulier la loi d'action et de réaction. *La réponse à la prière,* écrit Murphy, *résulte du fait que le Subconscient répond à l'image mentale, c'est-à-dire à la pensée qui est contenue dans l'esprit.* Notre demande ne pourra être exaucée si nous n'avons pas la foi, c'est-à-dire la certitude absolue d'être entendu, si nous ne pensons pas profondément mériter de recevoir et sans un état spécial de réceptivité.

Cet état peut s'obtenir, justement, par la prière; Celle qui nous met dans un autre état de conscience. Ce n'est pas la prière-demande mais la prière-remerciement, la prière-louange, la prière-action de grâce, celle qui calme le mental.

Depuis la nuit des temps, les hommes connaissaient l'efficacité des formules répétitives. Déjà, deux mille huit cents ans avant Jésus-Christ, Homère écrivait, dans «L'Odyssée» : *L'incantation amène un état d'âme fait de calme bienfaisant et de concentration qui amène la guérison des blessures.* Socrate écrivait également : *C'est par l'incantation que l'on soigne l'esprit.*

L'effet bénéfique de la répétition de formules sacrées est connue de toutes les religions. Nous savons que les vibrations ainsi émises augmentent la fréquence vibratoire de ceux qui les prononcent ainsi que celle des lieux cérémoniels. Dans la tradition chrétienne, c'était le but des litanies et de la récitation du chapelet.

Les religions orientales ne l'oublient pas lorsqu'elles font réciter des mantras, formules sacrées dont le but est de *délivrer l'homme de sa condition en le mettant en communication avec Dieu.* Le mantra Om est le plus connu et se retrouve dans de nombreuses phrases mantriques. Sa répétition continuelle crée un rythme particulier dans le psychisme qui empêche la prolifération des pensées, ralentit leur apparition et permet d'arriver au calme mental complet.

Il ne faut pas oublier non plus que chanter un mantra ou une prière traditionnelle, c'est bénéficier de toute l'énergie accumulée dans le mot ou la formule par toutes les générations qui l'ont prononcé avant nous.

Une autre pratique, elle aussi venue d'Orient, est la réalisation ou le coloriage de mandalas. Ce nom indique toutes les figures organisées autour d'un point et inscrites généralement dans un cercle. Les plus connus sont les mandalas tibétains mais, en fait, il en existe dans toutes les traditions : les vitraux de nos cathédrales gothiques en sont de beaux exemples ; le labyrinthe au sol de la cathédrale de Chartres en est un autre... Toute vie est basée sur la construction de mandalas. Dans les textes orientaux, l'Univers constitue un immense mandala contenant beaucoup d'autres mandalas.

Symboliquement, cette figure est construite à partir du centre, c'est-à-dire un point qui représente Dieu, Source de toute chose. Travailler en silence à construire ou à colorier un mandala a un effet rééquilibrant sur tout notre organisme.

Méditation, prière, mantra, chant, mandala..., autant de techniques pour trouver ou retrouver notre calme mental. Mais aussi yoga, taï-chi... Peu importe la technique choisie, pourvu qu'elle nous convienne. Seul, le but à atteindre doit rester présent à notre esprit : se reconnecter à notre Moi supérieur, à notre Source Divine.

*Accorde-toi à moi dans la paix et le silence. Comment peux-tu compter entendre ma petite voix tranquille si tu es agité à l'intérieur et trop occupé pour prendre du temps à m'écouter ? Si tu apprends à être tranquille, tu pourras le faire, peu importe ce que tu es en train de faire ni ou tu es. Dans cet état de paix et d'unité, tu seras pleinement maître de chaque situation et tu sauras exactement quoi faire et comment le faire. C'est une chose que chacun peut faire, s'il le veut ; ce n'est pas réservé seulement à quelques-uns,* dit la «Petite Voix» à Eileen Caddy.

CHAPITRE 6

# LES AIDES DE L'AU-DELA

*Croyez-moi, ce sont les morts qui mènent les vivants : nous croyons nous conduire tout seuls et, en réalité, nous sommes menés par toute une foule d'intercesseurs et d'amis que nous avons au Ciel.*

Père BROTTIER.

## AIDE-TOI, LE CIEL T'AIDERA

En quelque sorte, je viens de vous résumer et de vous faire parcourir, avec moi, une partie de ce chemin initiatique que j'ai, au départ, emprunté sans savoir du tout où il m'emmenait. Ne croyez surtout pas que, pour moi, il soit terminé. Il dure toute la vie. Car ce qui peut paraître vérité, aujourd'hui, ne sera peut-être pas celle de demain. Je suis seulement certaine que le cheminement sera moins douloureux.

Je ne suis d'ailleurs pas d'accord avec Edith Acedo qui écrit, dans ses «Mémoires d'une sorcière berrichonne» : *L'initiation, quelle qu'elle soit, n'est pas un cadeau. C'est une démarche qui se paie.* Je considère, au contraire, l'initiation comme un cadeau merveilleux. Quel que soit le prix à payer, c'est-à-dire les difficultés rencontrées, on ne peut qu'être émerveillé par la joie que nous apporte chaque pas vers la compréhension des lois de l'Univers, c'est-à-dire de la Connaissance.

Si le chemin est dur et difficile, c'est parce que nous nous croyons seuls pour le parcourir ; parce que nous n'acceptons ni de voir, ni d'entendre ceux dont le rôle est de nous aider. Tout au long de ce livre, je vous ai fait part de l'aide que j'ai reçue d'êtres vivant dans une autre Dimension, ce que je continuerai à appeler l'Au-Delà, pour plus de facilité.

Les aides de l'Au-Delà sont nombreuses. Nous avons tout d'abord l'aide de nos proches, décédés avant nous, ceux que nous appelons les Esprits. Peu de temps après un décès, nombreuses sont les personnes qui ressentent une présence à leurs côtés. Elles pensent souvent être le jouet de leur peine et de leur imagination. Quelquefois, cette présence peut ne pas être bénéfique ; c'est le cas lorsque le défunt n'admet pas être passé dans une autre Dimension. Très attaché à ses biens et à sa famille, il peut littéralement rester accroché à eux. J'ai connu une femme, veuve depuis quelques mois, qui «sentait» en permanence la présence de son mari à ses côtés... pour, en quelque sorte, l'empêcher de vivre. Après un exorcisme, elle se sentit réellement libérée.

Je ne vais pas m'attarder sur ces cas de présence non bénéfique puisqu'ici je veux parler des aides que nous pouvons recevoir. Après une certaine période de repos- aidé en cela par ses Guides -, l'être qui vient de quitter la terre va choisir le travail qu'il veut effectuer pour continuer son évolution. Nombreux sont ceux qui choisissent d'aider les membres de leur famille ou leurs amis qui y sont restés. Mais, la plupart du temps, nous ne nous rendons pas compte de leur présence à nos côtés.

Georges Morranier explique que cette présence est constante, du début à la fin de notre vie mais qu'elle devient manifeste uniquement lorsque nous avons entrepris un premier pas vers la compréhension. Il faut toujours que ce soit nous, sur terre, qui démarrions le travail ; l'aide vient ensuite, mettant en évidence le fameux *Aide-toi, le Ciel t'aidera.*

Nous sommes aidés, guidés par l'Au-Delà mais nous gardons - presque toujours - notre libre-arbitre. En 1960, lorsque je vis mon mari, une baguette de sourcier en mains, j'avais la possibilité de ne pas me moquer. J'aurais pu essayer d'analyser le processus et m'écrier, comme en 1985, *Je veux comprendre*. A cette époque, ayant montré davantage d'ouverture d'esprit, mes «Aides» se sont présentés. Ce furent d'abord les membres de ma famille, surtout mon arrière-grand-mère et mon arrière-grand-père maternels, et un peu mes grands-parents paternels ; ceux de mon ex-belle-famille, mon beau-père qui continue d'ailleurs à être près de moi, un cousin prêtre, une tante de mon ex-mari que je n'aurais pas identifiée si elle ne m'avait donné également le prénom de l'un de ses fils ; également un ami récemment décédé qui vint réclamer l'aide de mes prières. Ceci prouve combien nous sommes soutenus par ceux qui nous ont aimé ou apprécié.

Depuis une dizaine d'années, très nombreuses sont les personnes qui reçoivent, d'une façon ou d'une autre, des messages de leurs proches. L'Au-Delà cherche par tous les moyens à faire savoir qu'il y a une autre vie. Anne-Marie Lionnet est en contact avec sa fille, Isabelle ; Jean-Paul Sermonte avec sa fiancée, Pascale ; Jeanne Morranier avec son fils, Georges. Pour ma part, il m'a été épargné de perdre l'un des miens et ce sont d'abord des membres inconnus de ma famille qui m'ont contactée. S'il en avait été autrement, avec l'esprit cartésien que j'avais, à l'époque, j'aurais certainement tout nié et mis sur le compte de la douleur et de ma fameuse imagination.

Ces êtres de l'Au-Delà nous protègent aussi

physiquement. Dans «Enquête sur l'existence des Anges Gardiens», le journaliste P. Jovanovic raconte de nombreux cas de personnes sauvées in extremis de situations périlleuses par des aides complètement incompréhensibles. Tel cet automobiliste en panne, en plein hiver, dans un lieu particulièrement désert, prix en charge par une dépanneuse qui le ramène chez lui. Lorsque, descendu de sa voiture, il veut régler les frais, le camion a disparu et il n'y a même pas de traces de pneus dans la neige...

J'ai d'ailleurs demandé à mon arrière-grand-mère Victorine si elle protégeait mon fils, Jean-Yves, qui, outre de nombreux accidents, s'est réveillé, une nuit, dans sa chambre envahie par la fumée et les flammes. Les pompiers, ensuite, m'avaient dit que, normalement, il aurait dû être axphyxié. Elle répondit : *Oui, heureusement que nous sommes là.* Ce qui montre que nous ne sommes pas forcément protégés par un mais souvent par plusieurs défunts. J'avoue que, pour protéger Jean-Yves enfant, il a bien fallu qu'ils soient nombreux.

Lors du passage dans l'Au-Delà, nous savons que nous allons être accueillis par des êtres que nous avons aimés. Avant les travaux des docteurs Moddy et Kubler-Ross, le milieu médical parlait d'hallucinations lorsqu'un mourant disait voir à côté de lui un proche déjà décédé. Ainsi, nous-mêmes, lorsque nous serons arrivés dans l'Au-Delà, après une période de repos, nous pourrons choisir, aidé par notre Guide, quel travail nous désirons accomplir pour parfaire notre évolution : ce sera peut-être l'aide à ceux qui sont encore sur terre. Nous pourrons aider notre famille, nos amis, et même des inconnus.

Le grand médium Hélène Bouvier raconte que, lors d'une séance publique, elle «vit» soudain apparaître le Maréchal Leclerc et aussitôt elle pensa : *Qu'est-ce qu'il vient faire là ?* La réponse arriva immédiatement : *J'aide tous mes anciens soldats. Je viens aider un de mes anciens soldats car il a le moral à zéro. Il aura du travail, dans un mois.* Dans la salle, un monsieur se lève pour dire : *Je suis un ancien soldat du Maréchal mais je n'étais même pas un ami. Je suis vraiment surpris. Je suis, en effet, sans travail depuis longtemps. Je ne croyais à rien. J'étais venu par simple curiosité.* Six semaines plus tard, il avait effectivement du travail.

J'ai une expérience personnelle de ce type. Lors d'une séance de spiritisme, avec des amis, nous avons un «contact» qui nous indique venir précisément pour l'un d'entre nous. Mais le prénom énoncé ne lui rappelle personne. Et l'esprit confirme : *Vous ne me connaissez pas,* mais délivre un message cohérent et d'aide morale.

Par ailleurs, si nous avons, durant notre vie terrestre, développé un don particulier ou des qualités professionnelles exceptionnelles, nous pourrons, en fonction de ceux-ci, soit continuer dans l'Au-Delà des recherches correspondant à notre spécialité, soit aider par notre compétence, accrue de nos nouveaux pouvoirs spirituels, les personnes qui exercent, sur la terre, la même profession que nous. C'est ce que le cinéaste Spitsberg a montré dans son très beau film «Always» - qui, je crois, n'a pas eu, en France, le succès mérité - lorsqu'un aviateur décédé conseille un jeune pilote durant son apprentissage. Jeune pilote qui, bien sûr, ne veut pas toujours entendre...

C'est également ce que nous avons déjà appris du Docteur Lang qui, ayant étudié dans l'Au-Delà les techniques de chirurgie sur corps astral et se faisant assister par son fils, Basil, lui-même chirurgien, décédé peu avant son père, travaille par l'intermédiaire du médium Chapman. Nous avons également parlé du Docteur Fritz qui travaillait avec le guérisseur Arigo et qui soigne également, ainsi que toute une équipe internationale, au travers d'un autre guérisseur brésilien, Edivaldo Oliveira Silva, dont le cas fut étudié, en 1971, par l'écrivain britannique Guy Playfair.

Nous pouvons d'ailleurs remarquer combien, dans ce domaine, le Brésil est en avance sur les autres pays puisqu'il y existe des hôpitaux en relation avec les facultés de médecine où médecins et médiums collaborent pour un meilleur suivi médical. Les médecins parvenus dans l'Au-Delà ont une vue plus large, plus globale des causes des maladies et peuvent, par l'intermédiaire des médiums, faire connaître des causes non détectées par la science habituelle, et vérifiables ensuite par celle-ci.

L'existence de ces médecins du Ciel, qui aident médecins de la terre et guérisseurs, nous est également rapportée par Maguy Lebrun qui, avec son mari, Daniel, vit depuis de nombreuses années une expérience hors du commun et à laquelle ils n'étaient nullement préparés. Maguy est infirmière, Daniel, comptable. Une nuit, celui-ci se met à transmettre, avec une voix de femme, des messages leur indiquant, s'ils acceptent, le chemin à prendre. Maguy devient guérisseuse, aidée par les conseils des médecins du Ciel transmis par l'intermédiaire de son mari.

Cette aide de l'Au-Delà n'est pas réservée aux problèmes médicaux ou de la vie quotidienne. Elle est le plus souvent dirigée vers notre développement spirituel. Pour cela, Georges Morranier explique que l'aide peut arriver alors par l'intermédiaire de nos rêves.

Les artistes, qu'ils soient poètes, peintres ou musiciens, peuvent aussi continuer à travailler dans leur spécialité. Soit ils aident, par l'inspiration, les artistes de la terre ; soit ils «incorporent» des personnes qui, jusque-là, n'ont pas manifesté de talent artistique (Lesage, par exemple) ou d'autres qui reçoivent une préparation spéciale, tel le Brésilien Luiz Gasparetto (lui-même docteur en psychiatrie) a qui ils font réaliser des performances extraordinaires : peindre, en même temps, des tableaux aussi différents qu'un Van Gogh de la main droite et un Picasso de la main gauche ! En musique, nous avons déjà cité le cas de Rosemary Brown. Ces «démonstrations» ont pour seul but de faire prendre conscience de la vie dans l'Au-Delà.

Dans les récits de Jovanovic ou ceux des rescapés des NDE, revient souvent la rencontre avec un être lumineux qu'ils appellent un Ange. En fait, il peut s'agir d'Anges ou d'êtres de l'Au-Delà ayant une tâche d'aide aux mourants. Nous parlerons des Anges un peu plus loin.

Mais avant, je veux donner une place spéciale à ces êtres évolués que l'Eglise catholique a mis à part sous le nom de Saints. Et je ferai entrer dans cette catégorie certains êtres tout à fait exceptionnels que l'Eglise n'a pas encore canonisés, tels Padre Pio, le Père Brottier et certainement d'illustres inconnus. Pendant longtemps, je n'ai pas voulu porter d'attention particulière sur l'aide que peuvent nous apporter les Saints. Ayant été déclarés saints par l'Eglise catholique, je les trouvais donc sujets à caution. J'avais vraiment tendance à *rejeter bébé avec l'eau du bain.* Je ne comprenais pas pourquoi nous avions besoin d'intermédiaires pour nous adresser à Dieu, ne faisant exception que pour la Vierge Marie. Jusqu'au jour où une voyante, de sa façon originale, m'expliqua que les Saints avaient un rôle à jouer : *Quand vous voulez du pain, vous en demandez au boulanger ; de la viande, au boucher. Eh bien, avec les Saints, c'est pareil.* En effet, depuis des générations, on prie saint Antoine de Padoue pour retrouver ses clés, ou saint Christophe pour ne pas avoir d'accidents. Et ça marche, puisque la foi peut tout.

Les Saints ont été, ici-bas, des personnages suffisamment dévoués à la cause humaine qu'il est tout à fait normal qu'ils ne nous abandonnent pas. Le Père Brottier disait : *Dans le Ciel, les saints ont-ils perdu la mémoire ? Ce serait bien étrange ! Bien au contraire, ils connaissent nos besoins mieux que nous ne les connaissons nous-mêmes. D'autre part, sur terre, tandis qu'ils vivaient parmi nous, ils se seraient mis en quatre pour nous rendre service. Comment douter dès lors de leur aide.* Et la petite Thérèse de

Lisieux ne disait-elle pas : *Je veux passer mon Ciel à faire du bien sur la Terre.*

En fait, chaque Saint a choisi de nous aider suivant ses compétences, dans un domaine bien particulier. Donc, prier le bon Saint est un gage d'efficacité par l'accumulation de pensées qu'ont envoyé vers lui tous ceux qui l'ont prié avant nous. Aussi existe-t-il des recueils vous indiquant qui prier dans telle ou telle circonstance, par exemple «Les Invocations des saints», de Dom Bernardin ou «Le Livre des neuvaines», de Benjamin Manassé.

Je voudrais d'ailleurs vous raconter l'aventure qui m'est arrivée avec cet homme qui mériterait d'être davantage connu, le Père Brottier. Quelques jours après l'ouverture de la librairie, je vois entrer un monsieur d'un certain âge, avec une grande barbe, un livre usagé sous le bras. Il vient droit vers moi et, à brûle-pourpoint, me demande si je connais le Père Brottier. Je pense qu'il recherche une personne habitant l'immeuble. Devant ma négation, il m'explique qui était ce prêtre et il me tend son livre en disant : *Tenez, voici la vie du Père Brottier. Vous devez la lire.* Peu enthousiaste, je prends le livre pour ne pas lui faire de peine, et lui demande ses coordonnées pour le lui rendre quand je l'aurai terminé. Il refuse de me les donner et, faisant rapidement volte-face, quitte la librairie.

Je jette un rapide coup d'oeil sur ce livre qui me rebute par nombreuses photographies de prêtres et de cérémonies religieuses. Je retiens juste que le Père Brottier fut longtemps directeur de l'oeuvre des orphelins d'Auteuil et lui donna une extension importante. Je range le livre. Les jours, les semaines, les mois passent. Je n'ai jamais revu le vieux monsieur dont l'image reste gravée en moi, d'autant que malgré son costume civil, je lui ai trouvé une ressemblance certaine avec le Père Brottier.

Deux ans plus tard, j'ai absolument besoin d'un emprunt bancaire pour remettre ma trésorerie à flot. Ma banque fait de grosses difficultés. J'en consulte d'autres sans succès. C'est alors qu'en lisant un livre d'Hélène Bouvier, je retrouve le nom du Père Brottier qu'elle semble contacter assez souvent. J'ai soudain envie d'en savoir plus sur lui et je découvre un homme d'une foi hors du commun; Il a toujours tout mis en oeuvre pour améliorer le sort de ses orphelins, sans avoir, au départ, le moindre financement. L'argent lui arrivait toujours au dernier moment, comme par miracle. Il disait : *Quand je serai mort, je ferai pleuvoir sur mes enfants* (les orphelins) *une pluie de billets de banque.* J'apprends qu'en le priant, beaucoup de personnes se sont sorties de problèmes financiers graves.

Je me décide aussitôt à lui confier les miens. Peu de temps après, j'obtiens le prêt désiré, sans les conditions draconiennes exigées auparavant. Merci, Père Brottier. Je suis sûre que certains d'entre vous ont aussi des expériences de voeux exaucés par les prières qu'ils ont adressées à certains Saints. Personnellement, j'ai aussi un petit faible pour Sainte Rita, cette Italienne du XIVe siècle qui avait une foi si extraordinaire qu'elle réussit, sous la protection justement de trois autres Saints, à passer la clôture du couvent où la mère supérieure refusait de l'accueillir sous prétexte qu'elle avait été mariée et mère de famille. Sainte Rita peut, elle aussi, être priée dans les cas désespérés.

Ici, je voudrais réserver une place toute spéciale à Marie, la mère de Jésus. Elle seule avait trouvé grâce dans mon rejet de la religion de mon enfance et, vous vous en souvenez peut-être, je continuais à lui adresser une petite prière, chaque soir, avant de m'endormir. Je lui avais souvent confié mes enfants et je le fis tout particulièrement lorsque, à la suite d'un conflit avec son père, l'un de mes fils, tout juste majeur, fut obligé de quitter notre foyer. Un jour, le rencontrant dans la rue, j'eus l'une de ces intuitions qui me viennent parfois, à l'approche de quelqu'un : il se droguait. Une enquête discrète me confirma malheureusement cette intuition. Ce n'était pas encore très grave mais il fallait prendre les choses au sérieux. Le dialogue avec lui n'était pas facile. J'allai me documenter sur la conduite à adopter, au centre Marmottan, à Paris, que venait d'ouvrir le professeur Olivenstein. Il n'y avait pas grand-chose à faire : attendre, rester à l'écoute lorsqu'il voulait bien s'ouvrir à nous, être compréhensif... Je me sentais complètement dépassée par la situation.

Jusqu'à présent, j'avais toujours réglé les problèmes familiaux et professionnels à force de ténacité et de volonté (grâce, sans doute, à mon ascendant Capricorne) et là, tout d'un coup, je me trouvais devant une situation où je ne pouvais pas agir. Alors, je me suis souvenue de Marie et je lui ai dit : *Voilà la situation. Moi, je ne peux rien faire. Alors, je te la confie. Débrouille-toi avec.* Et, très peu de temps après, j'appris que mon fils avait arrêté ses errances vers les cieux artificiels.

Des amis ont connu le même miracle avec l'un de leurs enfants mais qui, lui, s'était laissé entraîner de façon beaucoup plus profonde. Celui-ci, durant ses moments de lucidité, les suppliait de l'empêcher de recommencer. Ils sont allés jusqu'à l'enfermer. Mais il avait sans arrêt de nouvelles rechutes jusqu'au jour où ils lâchèrent prise : ils confièrent le problème à Marie et, pratiquement, du jour au lendemain, les choses s'arrangèrent et ne sont plus, pour eux, qu'un lointain souvenir.

Marie nous est d'une aide particulièrement précieuse. Elle est une mère et nous aime comme ses enfants. La preuve en est donnée par ses apparitions qui se multiplient. Certains mettent en doute leur véracité, disant que s'il s'agissait réellement de visions mariales, les messages adressés par elle seraient moins dramatiques. Je pense que, devant l'urgence de notre situation, devant la nécessité du changement sur notre planète, elle n'a sans doute pas le temps de se montrer patiente. Certains enfants ne comprennent pas les avertissements formulés avec trop de douceur.

L'existence des Anges semble connue depuis l'Antiquité. Les Egyptiens et les Romains en dénombraient soixante-douze qu'ils appelaient Génies. Dans la Bible, les Anges viennent apporter des messages à Zacharie, à Marie. Les Saintes Femmes racontent avoir vu deux

Anges près du tombeau de Jésus. Le culte des Anges était très important dans les premiers siècles de la chrétienté. Mais l'Eglise, de crainte de voir remis en question le dogme du Dieu unique, interdit d'appeler les Anges par leur nom. Elle transforma même les Archanges Mikaël, Gabriel et Raphaël en Saints, tout en leur conservant leur qualité d'Archange dans le rituel du «Grand Exorcisme» où ils retrouvent même Uriel : *Au nom de l'Eternel Dieu d'Israël, que l'Ange Mikaël soit à ma droite, l'ange Gabriel à ma gauche, l'Ange Uriel devant moi, et l'Ange Raphaël derrière moi, et au-dessus de moi rayonne la gloire du Tout-Puissant.* L'Eglise leur reconnaît alors une force toute spéciale, nous dit Mikael Hod, dans «Le Grand Livre des Anges Gardiens».

Les musulmans connaissent aussi l'existence des Anges puisque le Prophète Mahomet reçut son enseignement de l'Ange Gabriel. De même, le mystique Attar disait être guidé par un Ange. Et, au XIIe siècle, l'Iranien Sohrawardi écrivait : *Ensevelie dans les ténèbres, l'âme, en un élan d'amour qui reflète sa détresse, aspire à remonter vers la Lumière originelle, à retrouver, pour se fondre en lui, son archétype, l'Ange dont l'aide lui permettra de surmonter sa présente condition.*

De nombreux mystiques ont eu le privilège de voir ou de parler avec un Ange, sainte Thérèse de Lisieux, par exemple. Au XVIIIe siècle, le philosophe Swedenborg écrit : *Le Seigneur se révéla à moi et me prêta le pouvoir de communiquer avec les Esprits et avec les Anges.* Ces mêmes mystiques parlent d'une hiérarchie des mondes célestes, notion que l'on retrouve dans la Kabbale, chez les ésotéristes et dans les messages de Georges Morranier. Pour lui, les défunts avec lesquels nous communiquons par l'intermédiaire de médiums seraient dans le cinquième plan les Anges et les Guides dont nous parlerons ultérieurement, au sixième plan et les Archanges au septième.

C'est dans la Kabbale que nous trouvons le plus de renseignements sur les Anges : leur Hiérarchie mais aussi leur nom et leurs pouvoirs. Les Anges sont des êtres purement spirituels qui n'ont jamais été incarnés. Chaque Ange représente un pouvoir de Dieu. Ils peuvent accomplir une tâche précise et intercéder pour nous. Ils sont classés en neuf choeurs, soit respectivement : les Séraphins, les Chérubins, les Dominations, les Vertus, les Puissances, les Principautés, les Archanges et les Anges (au nombre de soixante-douze).

Nous avons tous entendu parler de notre Ange Gardien. J'avoue que, dans mon enfance, il s'apparentait plus aux contes de fées qu'à la réalité. Grâce à la Kabbale, cette réalité devient plus tangible puisque nous pouvons, d'après notre date et notre heure de naissance, connaître notre Ange Gardien et l'appeler par son nom. En fait même, chacun de nous possède trois Anges Gardiens. Le premier s'occupe surtout de notre physique et il prend ses ordres auprès des Anges de premier ordre (Principautés, Archanges et Anges) ; le deuxième qui, lui, veille sur notre moral, prend ses instructions auprès des Anges du deuxième ordre (Dominations, Vertus, Puissances) ; et enfin, le troisième, qui gouverne notre âme, prend sa mission auprès des Anges du troisième ordre (Séraphins, Chérubins et Trônes).

Personnellement, je pense que les choses ne sont jamais aussi tranchées. Je suis sûre que, selon les besoins, c'est l'Ange le plus apte à aider qui interviendra, d'autant que nous avons vu combien sont importantes les interactions corps-âme-esprit. De même, la connaissance des noms et des pouvoirs de nos Anges Gardiens peut nous être utile mais n'est pas indispensable. Il nous suffit de prier avec foi pour être entendu. Et il serait d'autant plus facile à nos Anges Gardiens de nous entendre qu'ils seraient, en quelque sorte, une partie de nous-même non incarnée. Ils représenteraient les qualités, les potentialités que nous sommes venus développer sur cette terre.

La connaissance de mes trois Anges Gardiens m'a confirmé - si cela était encore nécessaire - qu'il n'y a vraiment pas de hasard dans notre choix d'incarnation. Tous trois correspondent bien à mes potentialités et à ce que j'ai choisi de travailler sur cette terre. Ainsi, mon premier Ange, Yamabiah, ne permet-il pas d'accéder aux sciences occultes ? N'est-il pas celui qui aide ceux qui ont choisi de consacrer leur vie à aider les autres, à oeuvrer pour le rétablissement de l'harmonie universelle ? Le second, Mitzraël, assure la longévité (j'ai toujours eu l'intuition que je vivrais très vieille, mais ce sera à vérifier !) et permet d'obtenir la guérison des maladies mentales (je l'ai découvert au moment où je me demandais pourquoi il y avait souvent autour de moi des personnes psychiquement dérangées). Et n'est-ce pas aussi l'Ange du *Connais-toi toi-même* ? Quant au troisième, Yezalel, c'est l'Ange de la paix, de la réconciliation mais aussi de la mémoire (j'ai toujours eu une excellente mémoire, ce qui faisait dire à mon mari que je n'avais aucun mérite, étudiante, de réussir mes examens).

Lorsque j'ai eu connaissance des qualités de ce troisième Ange, et en particulier de notre possibilité de le prier pour obtenir des réconciliations, je me suis empressée de le solliciter. Avoir dans mon entourage des gens qui se déchirent, conservent des rancoeurs dont ils ne connaissent même plus les raisons, des personnes qui semblent m'en vouloir alors que je ne sais pas où j'ai pu les blesser, m'a toujours peinée. Je peux vous assurer que les résultats ont été spectaculaires, aussi surprenants que rapides. Je ne citerai qu'un exemple, les autres impliquant trop ma famille.

On s'en souvient peut-être, j'ai déjà parlé de cette jeune femme que j'avais été obligée de liciencier et qui m'en tenait rigueur. Quelques jours après mon appel à Yezalel - à qui je n'avais pas donné d'indications précises -, je la rencontre dans un grand magasin et au lieu de détourner la tête comme elle le fait d'habitude, elle vient vers moi et m'embrasse. Depuis, j'ai le plaisir de la voir de temps en temps.

Je n'ai jamais eu la chance, comme certains, de rencontrer l'un de mes Anges. Mais j'ai vécu cependant une expérience troublante. Un jour, je me trouvais dans la librairie à essayer de réconforter une personne dans la peine. J'étais à bout d'arguments pour lui faire comprendre que sa situation n'était pas désespérée. J'ai mentalement demandé de l'aide à mon Ange Gardien : *Yamabiah, toi qui peut tout...* J'ai aussitôt été poussée par derrière, par deux mains posées sur mes épaules. J'en fus tellement surprise que je regardai si personne n'avait essayé de passer derrière moi. Rien ! Par contre, bien que je n'aie rien formulé de plus, mon interlocutrice sembla aller beaucoup mieux et partit avec le sourire.

Mais une fois encore, le doute s'est immédiatement glissé en moi : *Encore un coup de ta fameuse imagination.* Le lendemain matin, je m'aperçus que le spot lumineux qui se trouvait juste au-dessus de moi durant cette «poussée» avait été déplacé. Comme toujours, j'ai voulu faire des vérifications : son orientation ne peut être changée sans une intervention manuelle. J'étais seule, alors qui avait bien pu tourner de 90° ce spot situé au plafond ?

Maddly Bamy, à qui je racontais, un jour, tous les messages, tous les signes que l'Au-Delà m'a envoyé, m'a dit : *Comme ils sont patients avec vous ! Qu'est-ce qu'il vous faut encore comme preuve ?* Comme Gitta Mallasz, je dirai que les Anges ne manquent pas d'humour. J'ai vraiment l'impression que les êtres chargés de m'aider ont été, certes, très patients mais qu'ils se sont bien amusés avec moi. *Elle s'est moquée des sourciers : nous allons lui montrer qu'elle est radiesthésiste ! Elle s'est moquée des voyants: nous allons lui montrer qu'elle est médium ! Elle s'est moquée des guérisseurs : nous allons lui montrer qu'elle est guérisseuse !*

Vous vous souvenez peut-être qu'au début de

mon enquête, les voyants me parlaient d'un Guide ayant un prénom en «ine» pour m'amener à découvrir mon arrière-grand-mère Victorine. Puis, quelques années plus tard, le docteur Lang m'a dit : *Vous connaîtrez le nom de votre guide lorsque vous aurez continué votre évolution.* Cela peut paraître contradictoire. Il faut savoir que, dans notre vie, nous pouvons changer de Guide. Ainsi, au début de leur histoire, Maguy et Daniel Lebrun étaient guidés par Mamy, puis le relais fut pris par Etty.

Les personnes qui ont une tâche spéciale à accomplir, qui ont choisi, en s'incarnant, de consacrer leur vie à une mission, sont suivies, durant toute leur vie, par un Guide spécial qui est un Etre Spirituel du sixième plan ; mais celui-ci ne peut intervenir directement, dès le début du cheminement, car les vibrations sont encore trop éloignées des siennes. Il intervient alors grâce à d'autres intermédiaires. C'est avec ce Guide que nous avons choisi les conditions de notre incarnation et il a pour mission de nous rappeler à l'ordre si nous nous écartons trop de la voie choisie. Il est là pour nous empêcher de paresser. C'est lui qui faisait dire à Victorine, lorsque je ne voulais pas me mettre à écrire : *Là-Haut, on trouve que c'est un peu lent.*

Nous ne sommes jamais seuls : Esprits, Anges, Archanges, Guides sont tous mobilisés pour nous aider dans notre progression. Nous sommes à une époque où il devient urgent que chacun de nous élève sa conscience. C'est la raison pour laquelle ces contacts sont de plus en plus nombreux. Même les habitants des autres planètes s'en mêlent. Je ne parlerai ici que très peu de ces êtres que l'on a l'habitude d'appeler les Extraterrestres ou E.T., car je n'ai pas vécu ce genre d'expérience et je ne me suis pas encore vraiment documentée sur la question. Mais j'ai retrouvé, dans le récit des «contactés» la même certitude d'avoir réellement vécu leurs expériences que celle qu'il y a en moi depuis que j'ai rencontré mes amis de l'Au-Delà. Ils sont sincères et ne se sentiraient pas dans l'obligation de rendre leur histoire publique s'ils n'y étaient poussés par un Etre Supérieur. Lorsqu'un Jean-Pierre Petit, chercheur au CNRS, au risque de briser sa carrière, ose raconter ses contacts avec les Ummites, on ne peut que reconnaître sa sincérité. On retrouve aussi la même chez Pierre Monnet dans «Contacts d'outre-espace».

Mais avant de terminer ce chapitre, je voudrais revenir sur la notion de libre-arbitre car certains vont peut-être trouver que je n'en ai guère eu, en particulier lors de l'impossibilité de vendre mon troisième magasin. Je pense que le libre-arbitre existe dans la grande majorité des cas. J'en ai eu aussi avant de m'engager sur ce chemin «non balisé» et j'en ai eu aussi en choisissant de revenir sur terre. Seulement, certains d'entre nous, que le bouddhisme appelle «bodhisattva», choisissent de s'éveiller en aidant les autres à s'éveiller. Ceux-ci, avant d'arriver sur terre, demandent à leur Guide de les rappeler à l'ordre, coûte que coûte, pour les ramener sur le chemin choisi, car rien n'est pire que de rater une incarnation. Nous ne pouvons que remercier notre Guide puisqu'il exécute une tâche que nous avons définie avec lui avant de revenir sur terre.

Nous trouvons cette perte apparente du libre-arbitre chez la plupart des guérisseurs qui n'acceptent pas leurs dons et ne les mettent pas alors à la disposition de leurs semblables. Ce fut le cas pour Edgar Cayce qui a découvert ses possibilités après plusieurs mois d'extinction totale de sa voix. Mais, inquiet de ses possibilités paranormales, il chercha à les oublier et à exercer différents métiers. Ses Guides, pour lui faire retrouver sa voie, n'hésitèrent pas à intervenir sur les clichés radiographiques qu'il exécutait en tant que manipulateur radio, dans un hôpital. Personne ne pouvait expliquer ces curiosités : trois coeurs dans une même cage thoracique, coccyx prolongé par une longue queue, etc. Nous avons déjà vu que le guérisseur Arigo souffrait de maux de tête épouvantables chaque fois qu'il refusait de soigner.

Ce qui peut sembler une perte du libre-arbitre est très facile à accepter à partir du moment où l'on a vraiment reconnu sa voie, c'est-à-dire lorsque l'on a enfin dit OUI à la VIE. Celle-ci coule alors avec tant de facilité que c'est alors un émerveillement continuel. On s'épuise à ramer à contre-courant.

CHAPITRE 7

# L'IMPORTANCE DU SEPT

*Le septième est avec vous*
*jusqu'à la fin des temps*
*Jusqu'au commencement*
*du nouveau temps.*
Dialogues avec l'ANGE

## LES SEPT ESPRITS SE TENAIENT DEVANT LE TRONE DE DIEU

PLATON.

Lorsque, en 1983, j'entrai dans ce magasin situé au numéro 7, le propriétaire me donna les clés en disant *J'ai toujours pensé que ce numéro 7 allait me porter bonheur.* C'était la première fois que j'entendais que le chiffre 7 avait une propriété particulière. Cette phrase me parut bizarre dans la bouche de cet homme d'affaires. Pourquoi le 7 porterait-il davantage bonheur que le 5 ou le 9 ? Cela me sembla stupide. Une telle superstition, chez un homme qui me paraissait équilibré, m'étonna mais je n'y pensai bientôt plus.

Cette histoire semblait m'être sortie de la tête lorsque, le 21 février 1987, mon arrière-grand-père Auguste me conseilla de *faire attention à l'importance du 7.* Comme il m'avait dit venir m'aider sur un plan professionnel et que je venais juste de mettre en vente le magasin de Bourges, je pensai qu'il me donnait là une indication de temps.

Cette interprétation me parut correcte puisque, le 7 mars suivant, je faisais visiter le magasin. Le 7 avril, je recevais un accord de principe et le compromis de vente fut signé le 7 mai 1987.

Or, en rangeant quelques papiers, je m'aperçus que j'avais déjà signé deux actes notariés le 7, soit les 7 septembre 1984 et 7 juin 1985. Soudain, j'avais l'impression que ma vie était envahie par ce chiffre 7. Je ne pouvais plus rien faire sans le voir apparaître. Partout où je me tournais, il était là et, afin que je ne l'oublie pas, tous les matins, en ouvrant mes volets, je le voyais inscrit sur la maison de ma voisine d'en face.

Il apparaissait même dans mes rêves, sous la forme de la plaque d'immatriculation de la voiture que j'achetais, quelques mois plus tard. Le numéro de téléphone du magasin était, à l'époque, le 54.27.70.77, et lorsque, après quelques mois d'interruption, je redemandai une nouvelle ligne, le nouveau numéro fut encore à base de 7 : 54.07.70.07.

Si je réfléchissais à ce fameux arc-en-ciel qui était apparu dans le ciel de mon jardin, en cet été 1986, je retrouvais le chiffre 7 de ses couleurs et lorsqu'en numérologie, j'eus la curiosité de réduire ce mot, j'arrivais aussi à 7.

L'année suivante, j'allai passer quelques jours chez ma fille qui vivait alors en Irlande. Le 7 juin 1988, elle m'emmena visiter Clonmacnoise, un lieu où résida saint Patrick. Dans un périmètre relativement petit se trouvent les ruines de 7 églises ou chapelles. En approchant mes mains d'une borne construite avec les pierres de ces monuments, je reçus une décharge d'énergie telle que je crus avoir touché un fil électrique.

Quelques dates encore : j'ai quitté mon deuxième magasin le 7 mars 1990 et signé l'acte de vente le 7 avril suivant. De même, j'ai ouvert la librairie le 7 juin 1991 - volontairement, cette fois - et la première conférence importante organisée après l'ouverture - celle de Paco Rabane - eut lieu le 7 février 1992.

Arrêtons-nous là. Hasard ? Synchronicité ?

Mes réflexions m'avaient amenée à voir que le 7 est partout : outre les 7 couleurs de l'arc-en-ciel, nous trouvons les 7 jours de la semaine, les 7 planètes des premiers astronomes, les 7 notes de la gamme musicale, les 7 systèmes cristallins, les 7 chakras... Et, dans les contes de notre enfance, n'y avait-il pas les 7 frères du Petit Poucet, les 7 nains de Blanche-Neige, les 7 femmes de Barbe-Bleue, sans oublier les bottes de 7 lieux ?

Et puis, je trouvais de plus en plus souvent ce chiffre dans mes lectures, dans la Bible, dans les Evangiles. Ce chiffre semblait avoir impressionné l'humanité depuis les plus anciennes civilisations. Dans toutes les traditions, on trouve le chiffre 7. Ne dit-on pas que Dieu créa le monde en six jours et se reposa le septième ? Nous avons entendu parler des 7 merveilles du monde, des 7 collines de Rome et du chandelier à 7 branches. Dans la plupart des traditions, Dieu créa 7 cieux et même, il paraît que, pour les musulmans, l'enfer serait partagé en 7 régions : une pour les musulmans criminels et les six autres respectivement pour les chrétiens, les juifs, les sabéens, les mages, les idolâtres et les hypocrites.

Je ne résiste pas au plaisir de raconter une petite histoire qui montre que, après s'être déchirés, sur terre, chrétiens, musulmans et juifs ne peuvent cohabiter au paradis. Alors, pourquoi s'entendraient-ils en enfer ?

*Un jour, une âme arrive au paradis et Saint*

*Pierre lui fait les honneurs des lieux. Tu vois, ici, il y a les bouddhistes, ici les hindouistes, là les animistes, là les shintoïstes, etc. Et ils arrivent devant trois grands murs; L'âme s'étonne : Qu'y a-t-il derrière ? Oh ! dit Saint Pierre, derrière celui-ci, les catholiques, derrière celui-là, les musulmans, et là les juifs. Tu comprends, on a été obligé de construire ces murs parce qu'ils se croient seuls.*

Dans de nombreux pays, coutumes anciennes et rites actuels font souvent intervenir le chiffre 7. C'est un ouvrage entier qu'il faudrait lui consacrer.

Je pensai que si l'Au-Delà mettait tant d'insistance pour faire apparaître ce chiffre dans ma vie, c'est que je devais certainement chercher quelque chose de ce côté-là. Je trouvai même qu'il y mettait encore plus d'insistance que pour me faire admettre l'existence d'une autre vie et me faire découvrir Victorine. J'eus la curiosité de réduire ce prénom par la numérologie. Devinez ce que l'on obtient ? Un 7 ! Et les tarologues savent que la septième lame du tarot, c'est-à-dire le Chariot, indique la Victoire. Hasard ?

J'étais maintenant convaincue que ce message *Faire attention à l'importance du 7* avait deux significations. Comme dans tout enseignement, il y avait le côté visible : ici, l'indication des dates pour la vente du commerce de Bourges. L'autre, ésotérique : celui qu'il me fallait chercher. Le premier n'étant là que pour m'intriguer et m'entraîner dans une recherche.

Saint Augustin disait : *L'inintelligence des nombres empêche d'entendre beaucoup de passages figurés ou mystiques des Ecritures.*

Celles-ci sont de véritables messages codés. J'ai donc cherché. D'abord vers la Numérologie. Puis vers la Kabbale mais, là, la voie me sembla trop compliquée pour moi. Il me semble qu'il faut toute une vie - et pourquoi pas plusieurs - pour comprendre la Kabbale et comme j'étais déjà à plus de la moitié de la mienne, il fallait que je trouve un chemin plus rapide. J'ai donc lu les études faites par d'autres et j'ai essayé de faire travailler mes deux hémisphères cérébraux.

Il y a plusieurs façons d'envisager un chiffre : on peut faire des additions, des multiplications, des divisions. 7 est indivisible. J'ai décidé de m'amuser avec les additions. Voyons toutes les possibilités d'écriture de ce fameux chiffre 7. Puisque tout est symbole, il va forcément en sortir quelque chose.

7 = 6 + 1
7 = 5 + 2
7 = 4 + 3
mais aussi 7 = 3 + 2 + 2
7 = 3 + 1 + 3
ou encore 7 = 1 + 1 + 1 + 1 + 1 + 1 + 1

Au premier coup d'oeil, quatre façons d'écrire ce chiffre me frappent et me renvoient à certaines lectures. Mes explications ne sont peut-être pas académiques mais je veux dire de façon simple les réflexions que m'ont suggéré ces manières d'envisager le 7.

Voici donc les quatre pistes explorées :

6+1

Le récit de la création du monde, en six jours,

par un Dieu qui se repose le septième, est présent dans toutes les traditions. Mais chacun sent bien qu'il doit exister, derrière cette histoire, un sens caché à découvrir. Il ne viendrait plus à l'idée de personne de croire à une création réalisée ainsi d'un coup de baguette magique. Voici comment elle est expliquée dans les textes ésotériques.

On distingue trois grands règnes : minéral, végétal et animal. Apparemment, ils semblent bien différents les uns des autres, et pourtant, les scientifiques y retrouvent les mêmes éléments de base : du carbone, de l'oxygène et de l'hydrogène. Le règne minéral observé avec l'imperfection de notre système occulaire semble inerte mais il s'anime si nous l'observons au microscope : la vie existe déjà dans le monde minéral.

Nous avons déjà parlé de niveaux de vibration ou de niveau de conscience. Pourquoi ne pas imaginer que le premier niveau de conscience est celui du monde minéral et qu'il corresponde symboliquement au premier jour de la création ? Nous avons ainsi formation du niveau physique ou matériel.

Alors, le deuxième jour de la création, ou deuxième niveau de conscience, correspondrait au règne végétal. Il y aurait ici association de deux niveaux : le physique et celui de l'éthérique avec l'apparition d'une force vitale qui se manifeste par la recherche, l'assimilation de la nourriture et la reproduction.

Au troisième jour, ou troisième niveau de conscience, nous aurions vu apparaître le règne animal qui correspondrait à la formation du corps astral. L'animal a un corps (premier niveau), il cherche, assimile sa nourriture et se reproduit (deuxième niveau), mais il a également des émotions, des sympathies, des antipathies, etc.

Le quatrième jour, c'est-à-dire le quatrième niveau : voici l'apparition de l'homme et la formation du corps mental. L'homme a un corps (premier niveau), il cherche, assimile sa nourriture et se reproduit (deuxième niveau), il a des émotions (troisième niveau) et, en plus, il pense consciemment.

Nous voyons une augmentation régulière du taux de vibration; Pour arriver au cinquième jour, c'est-à-dire au cinquième niveau, il va falloir encore que la fréquence vibratoire augmente, et il y aura formation du corps causal. Cet homme aura donc un corps (premier niveau), il cherchera et assimilera sa nourriture, se reproduira (deuxième niveau). Il aura des émotions (troisième niveau). Il aura une pensée consciente (quatrième niveau) mais, en plus, il va se servir de son intuition. Il va transmettre aux autres ses expériences spirituelles ou s'exprimer par des dons artistiques. On dira qu'il a ou qu'il est un génie.

Encore un peu de progrès pour arriver au sixième jour ou au sixième niveau. Nous y trouverons toutes les caractéristiques des précédents niveaux mais l'augmentation de la fréquence vibratoire va permettre une connexion avec les énergies supérieures : celle de l'amour universel et de la sagesse divine. Un tel homme sera un prophète. Un véritable maître.

Enfin, le septième jour, ou septième niveau,

l'homme sera totalement conscient de sa nature divine. Il sera l'Homme-Dieu. *L'Homme-Dieu est celui qui, par une conscience parfaite, manifeste pleinement Dieu - son propre Soi divin - dans toute sa perfection,* peut-on lire dans «Initiation» de E. Haich.

L'humanité, dans son ensemble, est loin d'être arrivée à ce septième niveau de conscience. Ce qui faisait dire à Jésus : *L'Homme n'est pas encore.* C'est le but de l'évolution. Un jour, à l'image de Dieu, l'homme parfait aura intégré les sept niveaux de conscience, c'est pourquoi Jésus disait encore : *Vous êtes tous des dieux.*

Nous avons encore du travail à faire...

4+3

Nous rappelle la classification des sept corps en quatre inférieurs et trois supérieurs. Une grande partie de l'humanité se trouve encore au quatrième niveau mais, actuellement, beaucoup de personnes prennent conscience de la nécessité de s'élever vers les niveaux supérieurs. Pour y arriver, nous avons vu, dans les pages précédentes, une notion du travail à effectuer sur les corps astral et mental. Mais nous n'avons pas parlé des deux premiers corps : physique et éthérique. Ne les oublions pas, leur importance est primordiale. Ils constituent la base de l'édifice. Il ne faut pas être architecte pour savoir que si le bâtiment n'est pas solide sur ses fondations, il ne sert à rien d'enjoliver les étages supérieurs. Un jour, tout s'effondre.

Si je n'en ai pas encore parlé, c'est parce que j'avais en quelque sorte effectué le travail sur le corps physique avant de démarrer mon enquête. Quand je parlerai de corps physique, il faudra comprendre l'ensemble physique et éthérique, puisqu'ils sont étroitement liés. J'ai la chance que mes parents m'aient transmis une excellente santé. Je pense que c'est sans doute l'une des raisons de leur choix, lors de mon incarnation. Mais j'en ai aussi découvert bien d'autres.

Durant les dernières années de ma vie conjugale, bien que n'étant jamais malade, j'éprouvais toujours une immense fatigue que j'arrivais à surmonter par des heures incalculables de sommeil. Puis, celles-ci ne suffisant plus, j'avais cherché secours auprès de ce médecin homéopathe qui pensait que l'on avait pu me jeter un sort. Le prenant pour un fou, je décidai de m'en sortir par mes propres moyens et eus l'intuition que l'exercice physique pouvait m'aider. En quelque sorte, je voulais guérir la fatigue par la fatigue.

Je pris donc des cours de tennis et me forçai à en faire plusieurs fois par semaine. Au début, ce fut terrible. Mon corps me faisait tellement mal que j'en avais perdu le sommeil. Mais quelque chose me disait de continuer. Heureusement car le tennis me fut d'un grand secours lors de mon divorce : je passais presque tous mes moments de libre sur les courts. Mes partenaires féminines se plaignaient de la force avec laquelle je renvoyais les balles. Colère, hargne et rancune s'envolèrent ainsi.

Ajoutez quelques vitamines et oligo-éléments, vous aurez le cocktail qui m'a redonné la forme physique. Mais il faut dire que je n'ai jamais fait d'excès, tant au niveau de la nourriture que de la boisson. Les émotions, d'ailleurs, me coupent l'appétit et lorsqu'elles furent trop fortes, j'eus une période d'anorexie. Courte, heureusement, car je découvris les bienfaits de la relaxation et de la respiration.

Les civilisations anciennes avaient une connaissance approfondie des effets de la respiration. Dans nos manuels modernes, nous ne la décrivons qu'en termes de réactions chimiques et nous avons oublié que les mouvements du diaphragme effectuent sur les organes sous-jacents une sorte de massage qui active la circulation sanguine.

Ma philosophie est simple : manger tout ce qui plaît, en quantité raisonnable; Alors, me diront certains : *Vous mangez de la viande ?* Je me souviens des regards méprisants de certains adhérents de l'association dont je me suis occupée lorsqu'ils ont constaté que je mangeais de la viande. *Oh ! Elle n'est pas si avancée que l'on aurait pu le croire.* Et certains se détournèrent carrément lorsqu'ils virent que je ne voulais pas me ranger à leurs conseils.

Toutefois, je dois avouer que je mange de moins en moins de viande, surtout de viande rouge : je n'en ai plus envie. Cependant, il est bon de savoir que, pour leur équilibre, les médiums ont parfois besoin de manger de la viande afin de ramener plus rapidement leurs vibrations sur les plans terrestres. Ceux qui travaillent sur des registres vibratoires élevés ont la nécessité de se «rattacher à la terre». Certains lamas tibétains, certains chamans indiens mangent de la viande... ce qui n'enlève rien à leur évolution spirituelle.

Ce qui est important n'est pas ce que l'on mange mais la façon dont on le mange. Il vaut mieux manger de la viande avec des pensées d'amour pour ceux qui sont à nos côtés, que des céréales en critiquant et jugeant l'autre. C'est bien plus profitable à notre santé. Par ailleurs, les personnes qui suivent des régimes trop stricts se coupent d'un des plaisirs de la vie, la convivialité.

Puisque nous parlons de santé, je ne voudrais pas qu'en me lisant, certains pensent que je condamne la médecine allopathique.

Toute médecine a sa raison d'être.

L'allopathie est une médecine d'urgence et je lui dois beaucoup puisque, sans les progrès des méthodes de réanimation et de chirurgie, mon plus jeune fils ne serait plus à mes côtés aujourd'hui. Mais elle devrait rester une médecine d'urgence. S'il existe tant de médecines différentes, c'est parce que justement nous n'avons pas tous le même niveau de conscience. Plus le niveau à traiter sera élevé, plus il faudra s'adresser à une médecine vibratoirement subtile.

Beaucoup de personnes, découvrant avec passion ce cheminement vers la spiritualité, pensent alors que le corps physique n'a plus d'importance et le néglige totalement. Pourtant, les philosophes latins recommandaient déjà : *Mens sana in corpore sano.* Un esprit sain dans un corps sain.

Bouddha lui-même fit cette erreur. Né dans une famille riche, il grandit loin des réalités de la vie. Son père avait voulu l'en préserver en le gardant enfermé dans un magnifique palais où chacun de ses désirs étaient satisfait par une armée de serviteurs. Mais, un beau jour, la curiosité fut la plus forte, il voulut voir ce qu'il y avait hors des murs du palais. Et il découvrit la misère, la maladie et la mort. En un mot, la souffrance humaine. Il abandonna alors tout ce qui avait fait sa vie jusqu'à ce jour et décida de chercher le sens de la souffrance. Dans un premier temps, il suivit des yogis et commença, comme eux, une vie de mortifications. Malgré leurs promesses, il ne trouva pas l'illumination recherchée. Il comprit alors que Dieu est partout. Donc aussi dans notre corps et qu'il faut l'aimer et le respecter, et c'est alors qu'il reçut l'éveil.

Rudolf Steiner disait : *Il se peut que l'on trouve, dans l'ascétisme, une volupté semblable à celle que l'ivrogne trouve à boire. Mais, dans ce cas, il ne faut pas espérer de ce genre d'ascétisme qu'il serve les buts de la connaissance supérieure.* C'est d'ailleurs, en partie, cet aspect qui m'a éloignée de l'Eglise. Je ne pouvais admettre que Dieu ait voulu et demandé des mortifications. Avec entêtement, je continuais à croire que toute création de Dieu était bonne. Combien je trouvais ridicules les religieuses de notre collège algérien qui nous faisaient prendre la douche en chemise de nuit, afin que notre regard ne tombe pas sur notre corps !

Par désir de clarté, j'ai été amenée à séparer le travail sur les différents corps. Mais chacun aura compris qu'il ne se fait pas séparément mais conjointement. Par contre, je ne saurais trop recommander la patience : ne pas essayer d'aller trop vite dans le développement spirituel.

Chacun doit aller à son rythme, sans se forcer mais avec beaucoup de persévérance.

Un petit exemple, pris dans le monde matériel, pour bien comprendre la nécessité d'un cheminement progressif : comparons avec le passage de l'énergie électrique. On ne fait pas passer du 220 volts dans les circuits prévus pour du 110 volts, encore moins du 100 000 volts, il y aurait des courts-circuits ! Pour nous, c'est exactement la même chose. *Toute la force dont l'homme a besoin est la patience,* dit Sathya Sai Baba.

Ce 4 + 3, s'il nous demande de respecter notre corps, nous demande aussi de respecter la vie matérielle. On l'a vu, c'est l'un des aspects de la vie que je suis venue travailler. Je pensais que tout ce qu'a fait Dieu est beau et bon, sauf l'argent ! Quel illogisme !

Ce problème de l'argent et des biens matériels, dans notre civilisation judéo-chrétienne, est l'un des plus difficiles à régler : il nous a tellement été dit que nous devions souffrir et vivre dans la pauvreté pour gagner notre paradis. Nous pensons donc que nous ne pouvons être spirituel si nous sommes attachés aux biens matériels. Ne soyons pas dépendants de l'argent mais devenons conscients que, sans l'énergie de l'argent, nul projet ne peut arriver à bien.

La vie m'a montré que j'ai pu me défaire - sans trop de peine - de certains objets, de certains meubles, de ma voiture puis de ma maison. Mais je me suis alors rendu compte que, de nos jours, la meilleure façon de transmettre le message que je veux diffuser n'est pas de me retrouver sous les ponts.

Pour beaucoup, la transmission d'un message spirituel devrait être gratuit. La plupart des personnes qui trouvent normal de recevoir un salaire pour leur travail, de payer leur plombier ou leur médecin, trouvent soudain anormal de régler les services d'un thérapeute, d'un guérisseur ou d'un enseignant spirituel. Ont-elles réfléchi que, de nos jours, nous avons tous un loyer, des notes de téléphone et d'électricité, des taxes, sans compter la nourriture à payer ? Comme me le disait le chaman maya Hunbatz Men : *Ce n'est pas mauvais en soi de gagner de l'argent. C'est absolument nécessaire. Ce qui est important, c'est de voir ce à quoi tu utilises le surplus, lorsqu'il y en a.* Ce n'est pas l'argent qui est mauvais, c'est l'usage que l'on peut en faire.

## 3+1+3

Cette façon de décomposer le 7 m'a rappelé ce que dit la médecine orientale au sujet des chakras. Elle établit une correspondance entre les chakras inférieurs et les chakras supérieurs. Ainsi, le premier chakra ou chakra-racine est en corrélation avec le septième ; le deuxième avec le sixième et le troisième avec le cinquième. On s'aperçoit ainsi que le quatrième se retrouve seul. Il a une place spéciale, privilégiée. C'est lui qui assure la liaison entre les chakras inférieurs et les chakras supérieurs, entre le bas et le haut.

L'homme est soumis à deux sortes d'énergie, deux forces de directions opposées. L'une vient de la Terre, l'autre du Cosmos. Ces deux forces doivent s'harmoniser. Et la jonction de ces forces ne peut se réaliser s'il n'y a pas fonctionnement harmonieux de ce quatrième chakra : c'est le chakra du coeur.

Nous sommes actuellement à une époque où chacun, s'il montre un tant soit peu de curiosité et de persévérance, peut accéder aux enseignements ésotériques. Chacun peut développer ces pouvoirs psychiques : télépathie, claire-voyance, vision d'aura, etc. Mais c'est là aussi un grand piège.

La connaissance purement intellectuelle, mentale, ne nous apporte rien. Il n'y a de véritable connaissance si nous ne laissons pas parler notre coeur. La seule voie possible pour harmoniser ces deux forces est celle du coeur, c'est-à-dire l'Amour.

Saint Paul ne disait-il pas déjà aux Corinthiens :

*Quand je parlerai les langues des hommes et des Anges, si je n'ai pas l'Amour, je ne suis que bronze qui sonne ou cymbale qui retentit.*

*Quand j'aurai le don de prophétie et que je connaîtrai tous les mystères et toute la science, quand j'aurai toute la foi jusqu'à déplacer les montagnes, si ne j'ai pas l'Amour, je ne suis rien.*

*Quand je distribuerai tous mes biens, quand je livrerai mon corps aux flammes, si je n'ai pas l'Amour, cela ne sert de rien.*

## 1+1+1+1+1+1+1

Le récit du déluge souligne l'envoi par Dieu d'un arc-en-ciel vers la terre, signe de «la nouvelle alliance entre Dieu et les Hommes». Pour Agpaoa, le guérisseur philippin : *L'homme naquit d'un arc-en-ciel, reflet du coeur de Dieu.* Pour les Egyptiens, le Soleil représentant l'énergie créatrice, *était tiré par sept chevaux.* Pour Jean le Divin racontant ses visions du monde céleste, *il y a un arc-en-ciel autour du trône et sept esprits devant le trône.* Platon disait que *les sept esprits se tenaient devant le trône de Dieu.*

Dans toutes les Traditions, il apparaît cette notion de Dieu créateur devant lequel se tient un arc-en-ciel ou sept personnages. Dieu, Source Créatrice, Energie Créatrice, Energie Divine, Energie Lumineuse, Lumière, peu importe.

La lumière : lorsque nous envoyons un faisceau de lumière blanche sur un prisme, celle-ci en sort diffractée en rayons de couleurs différentes, les couleurs de l'arc-en-ciel. Nous avons ici, à l'échelle de nos laboratoires, ce qui se passe à l'échelle de ce grand laboratoire qu'est l'Univers.

La Source Créatrice est UNE, c'est la Force de Vie. Elle se sépare en sept forces différentes, en sept énergies primaires que l'on nomme maintenant les sept Rayons, ainsi que l'explique Alice Bailey sous la dictée du maître tibétain Djwahl Kuhl.

Ces rayons sont la première manifestation différenciée en provenance de la Source Créatrice que l'on nomme Dieu. Ce sont des forces cosmiques, des champs énergétiques qui irradient toute vie dans l'Univers. Rien ni personne ne peut échapper à leur influence.

*Les sept rayons sont des incorporations des sept types de force qui nous démontrent les sept qualités de la déité,* écrit Alice Bailey au sujet de ces énergies. Elle énumère aussi ces différents rayons :

Premier rayon : Rayon du Pouvoir et de la

Volonté

Deuxième rayon : Rayon de l'Amour et de la Sagesse

Troisième rayon : Rayon de l'Intelligence Active

Quatrième rayon : Rayon d'Harmonie, de la Beauté, de l'Art

Cinquième rayon : Rayon de la Connaissance concrète et de la Science

Sixième rayon : Rayon de la Dévotion et de l'Idéalisme

Septième rayon : Rayon de l'Ordre et du Cérémonial

Nous apprenons aussi que le Rayon de l'Amour et de la Sagesse est le plus important. L'homme n'échappe pas à l'influence de ces différentes énergies. Ce qui permet à la psychologie de classer les êtres humains en sept groupes principaux. Si ceux-ci sont soumis à l'influence primordiale de l'un de ces rayons, ils reçoivent aussi, mais de façon différente, l'influence des six autres : il n'y a jamais de type pur.

Alice Bailey explique aussi que, depuis l'origine, les différents rayons n'ont pas la même activité et n'agissent pas de la même façon sur les différentes parties du Cosmos. Ceux d'entre vous qui seraient intéressés peuvent se rapporter utilement au «Traité sur les 7 Rayons».

Ainsi peut se comprendre l'importance du 7. C'est le chiffre sacré entre tous car il nous montre le chemin à parcourir et il recèle tous les secrets pour bien le parcourir. Nous somme sur Terre dans un but précis : évoluer. Le 7 nous explique tout ce que nous devons faire pour évoluer.

Le 7 nous indique la nécessité d'augmenter notre fréquence vibratoire afin d'arriver au septième jour. Le 7 nous montre que nous ne devons négliger aucune partie de nous-même, que nous devons respecter chacun de nos corps et arriver à une harmonie entre corps inférieurs et spirituels, que nous avons l'obligation de prendre soin de notre corps physique, de gérer nos émotions, de calmer notre mental. Le 7 nous demande de développer chacun des rayons de l'énergie créatrice, chacune des qualités constituant la divinité. Et le 7 nous aide en nous montrant la voie royale pour arriver à toute cette harmonisation : la VOIE de l'AMOUR.

AVANT DE CONCLURE

# LE RETOUR A L'UNITÉ

*Qu'est-ce qui est plus*
*que les 7 couleurs ?*
*L'Unique,*
*le blanc incandescent.*
Dialogues avec l'ANGE.

De tout temps, l'homme a recherché son Créateur. Les peuples anciens ne mettaient même pas en doute son existence et les peuplades primitives, proches de la nature, respectent toutes une force créatrice de l'Univers.

En Occident, le développement du matérialisme et de ses techniques nous a éloignés de cette conception. Nous avons beau décortiquer la matière dans nos laboratoires, raisonner, chercher une explication logique, à un moment donné, nous buttons sur l'inconnu. Les scientifiques honnêtes sont, à l'heure actuelle, obligés d'avouer qu'il existe une force qui les dépasse.

Que cette force soit désignée sous le vocable de Force Créatrice, Force Universelle, Force Cosmique, Grand Architecte, Allah, Dieu ou Hunab K'u, comme chez les Mayas, chacun admet qu'elle est UNE, c'est le UN.

Que les peuples restés proches de la Nature, ayant donc conservé une relation constante avec le Cosmos, aient beaucoup moins d'états d'âme, de problèmes psychologiques que les occidentaux qui, pourtant, dans leur grande majorité, auraient tout pour être heureux, peut nous amener à réfléchir.

Le gros problème de l'homme est d'avoir oublié son Origine. Mais ce n'est qu'une apparence. Ses cellules ont en mémoire l'héritage génétique de ses parents, de ses grands-parents, et ainsi de suite, de génération en génération, ainsi jusqu'au moment de leur création. Elles ont donc, quelque part, conservé le souvenir de cette Force Créatrice avec laquelle, à l'origine, elle ne faisait qu'UN. Et, sans le savoir réellement, nos cellules n'ont qu'un seul désir : retrouver cette UNITÉ.

Je vais essayer de faire comprendre ceci par une histoire. Un jour, dans un très beau pays plein de fleurs et de soleil, vivait un enfant entouré de l'amour de ses parents et de ses amis. Survint une guerre. La famille dut s'expatrier et tous ses membres furent dispersés. L'enfant se retrouva seul, dans un pays gris et froid.

Voici, en quelque sorte, ce qui nous est arrivé lorsque nous sommes venus sur terre.

Continuons notre histoire. Notre enfant, devenu adulte, a gardé en lui le souvenir de son pays et n'a qu'une idée en tête : le retrouver et y retourner. Soit il pense n'avoir aucune chance d'y arriver. Alors il devient de plus en plus triste jusqu'à en tomber malade. Soit il commence des recherches sans jamais perdre espoir. Et il rencontre une première personne. Celle-ci était plus âgée lorsqu'elle a quitté ce pays et s'en souvient mieux. Et elle connaît d'autres personnes qui, elles aussi, vont lui donner des indications. Et ainsi, d'indice en indice, il est de plus en plus heureux car, même s'il ne peut s'y rendre immédiatement, il a maintenant un but, un espoir : il est sûr de revoir son pays.

C'est la même chose pour nous. Le souvenir de notre Origine, de la Force Créatrice qui nous a donné la Vie est en nous. Et l'histoire que je viens de raconter correspond à celle de notre vie et de la quête spirituelle. Chaque rencontre, chaque lecture peut être un indice qui nous mène vers notre pays d'origine.

Pour qu'un voyage soit réussi, il faut qu'il soit

bien préparé. Il est nécessaire de mettre tous les atouts de son côté. C'est le but de notre vie terrestre : mettre tous les atouts de notre côté et ne pas nous embarrasser de bagages inutiles avant d'entreprendre le voyage. Nos bagages inutiles sont toutes nos pensées négatives, nos colères, nos rancunes... Avant de partir, nous réglons toutes nos dettes, tous nos problèmes en cours. Et puis, il faut aussi que la maison soit bien rangée, bien propre. Il y a tellement à faire que les amis viennent nous aider. Il en est de même dans la préparation du retour vers notre pays d'origine : les amis, les aides de l'Au-Delà ne nous font jamais défaut.

Deux attitudes peuvent également nous retarder dans la préparation d'un voyage. L'une consiste à revivre, en pensée, les malheurs, les moments de tristesse que nous avons vécus avant d'entreprendre nos préparatifs. L'autre à imaginer tout ce qui pourrait nous empêcher d'atteindre notre but. C'est-à-dire que, au lieu de nous concentrer sur la tâche à accomplir, être tout à fait dans le présent, nous sommes soit dans le passé soit dans un hypothétique avenir. Pour être efficace dans nos préparatifs, il est important de concentrer toute notre attention sur eux, c'est-à-dire vivre au présent ou suivant une formule bien connue, «Ici et maintenant».

Une mauvaise préparation à un voyage consiste aussi à «rêver» sans arrêt aux moments merveilleux que nous allons vivre lorsque nous serons arrivés dans ce pays. Pendant que nous faisons de telles projections dans l'avenir, les préparatifs n'avancent pas. C'est l'attitude de ceux qui négligent l'aspect matériel de la vie. Ils ont oublié que pour voyager loin, en toute sécurité, il faut bien préparer son véhicule.

Nous voyons encore là, par cette image, la nécessité d'unir les différentes forces qui nous animent : terrestres et célestes, ou encore matérielles et spirituelles. Ce sont ces forces qui, depuis les civilisations les plus anciennes, sont représentées par la croix. La branche horizontale symbolise les forces terrestres et la branche verticale les forces cosmiques. La croix symbolise l'Union du Divin et de l'Humain.

Nous démarrons souvent une recherche spirituelle lors d'une épreuve : maladie, perte d'emploi, décès d'un proche, divorce, etc. C'est comme si un catalyseur était nécessaire pour que les forces en présence se mettent à réagir. Au début, les proches vous regardent avec attendrissement : *Au moins, pendant ce temps-là, il oublie son chagrin.* Mais, la plupart du temps, si vous persistez dans votre quête, ils prennent peur : *Il ne faudrait pas qu'il soit entré dans une secte...* Car l'inconnu fait souvent peur.

Lors de l'ouverture de la librairie, certaines personnes soi-disant bien informées, ont colporté le bruit de son appartenance à une secte et, après quatre ans, certaines n'osent pas encore y entrer, ou, la première fois, se font accompagner. Les jeunes, par contre, viennent s'informer et, avec la franchise de leur âge, demandent *à quelle secte j'appartiens.*

D'accord, les sectes existent et font parler d'elles. Mais tous les mouvements spirituels ne sont pas des sectes. Ils sont nombreux parce que nous sommes tous différents et nous avons besoin de chemins différents. Mais nous arriverons tous au sommet. Comment choisir, me direz-vous ? Faites jouer votre discernement... et demandez l'aide de nos amis de l'Au-Delà. L'une de mes amies sait aussitôt lorsqu'elle prend un chemin qui ne lui convient pas : elle se fait soit une entorse soit une fracture, ou elle a un accident de voiture... Car les enseignements ne sont que des panneaux indicateurs pour nous amener à nous reconnecter à notre Dimension Spirituelle.

Et ces mêmes proches, parents, enfants, amis, voisins, que votre recherche a d'abord amusés puis effrayés, vont maintenant vous regarder avec étonnement : *Tiens, il a l'air heureux !* Si vous êtes veuf ou divorcé, c'est le moment qu'ils choisiront pour vous demander *si, par hasard, vous n'avez pas rencontré l'âme-soeur.* Tant il est difficile d'imaginer le bonheur sans l'autre.

Alors, ces mêmes proches commencent à vous envier. Je me souviendrai longtemps de la visite de cette jolie jeune femme que la vie avait particulièrement gâtée : mari aimant, attentif à ses moindres désirs, enfants beaux et intelligents, château, propriétés à la mer et à la montagne, voitures, bateau, domestiques... Et qui, pourtant, était au bord de la dépression et me disait : *Comme je vous envie ! Vous, vous êtes heureuse.* Et cela au moment où je venais de vendre ma maison et que je me débattais seule au milieu de gros problèmes financiers. Elle m'enviait et elle avait raison. Cela l'aura peut-être amenée à chercher la raison de mon bonheur et conduite à démarrer sa propre marche vers le retour à son Origine Divine.

Certains trouvent que j'ai beaucoup de chance de recevoir toutes ces aides de l'Au-Delà, que ma vie est passionnante, que je rencontre des gens hors du commun, etc. Ils ont raison mais où je ne suis plus d'accord, c'est lorsqu'ils font ainsi une comparaison pour déprécier leur propre vie. Chacun de nous a un rôle à jouer. Dans cet immense plan que représente l'Univers, la place que vous occupez est exactement celle que vous avez choisie, celle qui convient le mieux pour avancer sur le chemin du retour à votre pays, du retour à Dieu, du retour à l'Unité.

J'aime beaucoup cette petite histoire. Un moine demande : *Peu importe ce que la voie me réserve. Mais quelle est-elle ?* Et le maître zen de répondre : *La Voie est ta vie quotidienne.*

Est-ce le hasard si, après avoir écrit ces lignes, j'entends, à la télévision, l'écrivain d'origine algérienne, Begag Azouz, qui s'exprimait à l'occasion de la sortie de son livre, " Les Chiens aussi ". Ses paroles rejoignaient tout à fait ma pensée. Pour lui, dans la même situation de précarité, l'immigré est moins malheureux que l'indigène car il a toujours l'espoir de pouvoir retourner au pays.

Nul ne peut ignorer l'intérêt grandissant pour les phénomènes dit paranormaux. Vous ne pouvez ouvrir votre téléviseur ou votre journal préféré sans voir une émission ou un article traitant de voyance, d'astrologie, de fantômes ou de pouvoirs extraordinaires. Beaucoup de ceux qui ont entrepris une recherche spirituelle déplorent que ces émissions et ces articles ne s'attachent qu'à l'aspect spectaculaire sans aller en profondeur. Tout en le regrettant également, je trouve que ces émissions, ces articles sont une bonne chose car elles ont le mérite de toucher les masses. Et, sur le nombre, de plus en plus de personnes commencent un questionnement. Après chaque émission, nombreux sont ceux qui viennent à la librairie pour des explications complémentaires.

Ces émissions et ces articles sont des hameçons. Ainsi que l'écrit Carol Parrish-Harra : *La médiumnité est l'hameçon de Dieu. C'est par son intermédiaire que beaucoup d'entre nous avons pris contact avec la spiritualité. Le tout, c'est de ne pas rester accroché à l'hameçon. Ce n'est qu'un appât pour vous mettre sur la voie du chemin spirituel.* D'ailleurs, le mot divination ne vient-il pas de divin ? Et son but est de nous faire prendre conscience d'une autre réalité.

Je suis heureuse de constater que de plus en plus de personnes, jeunes ou moins jeunes, commencent à emprunter cette voie. Comme le disait un ami, lors de l'ouverture de la librairie : *Tu as choisi un créneau porteur.* Mais si le créneau est porteur, comme l'on dit dans le jargon commercial, c'est donc qu'il y a un besoin.

Certains pensent qu'en ces temps d'insécurité, chômage, guerres, catastrophes naturelles, sans oublier l'apparition de nouvelles maladies, de plus en plus nombreux sont ceux qui se dirigent vers la recherche spirituelle par faiblesse de caractère, par besoin de «se rattacher à quelque chose». Mais pour avoir cette envie, faut-il encore savoir que ce «quelque chose» existe ? Or, l'intuition de l'existence de ce «quelque chose» revient en masse. Alors, pourquoi ?

Nous arrivons à la fin d'un millénaire et, comme tous les deux mille ans, l'astrologie nous apprend que nous allons changer d'ère : nous quittons l'ère des Poissons pour entrer dans celle du Verseau.

Le 20 mars, jour du printemps, nous ne voyons pas un changement radical de la végétation. Hier, il n'y avait rien, c'était l'hiver, et soudain, le 20 au matin, tous les bourgeons sont éclos ? Non ! Cela ne se passe pas comme ça, d'un coup de baguette magique. Il y a un lent mûrissement invisible puis, progressivement, les nouvelles pousses apparaissent.

Il en est de même lors du passage d'une ère à une autre. Le changement, ici aussi, se fait progressivement mais sûrement. Nous sommes en plein dans cette période de transformation. Au niveau individuel, nous avons vu que le changement - la prise de conscience - démarre le plus souvent lors d'une période de souffrance. Il en est de même au niveau planétaire.

Chaque changement d'ère zodiacale correspond à une élévation du niveau de conscience de l'humanité. Nous sommes successivement passé de l'ère du Taureau à celle du Bélier, puis du Poisson, et nous entrons dans l'ère du Verseau. L'explication en est donnée dans l'ouvrage du Docteur A. Pajault, «Le Rythme des ères zodiacales et l'évolution des civilisations occidentales» A partir des caractéristiques du signe astrologique, il compare le comportement et la pensée des individus ayant vécu aux ères correspondantes. Ainsi, pendant l'ère du Taureau, les peuples ont recherché le bien-être, le confort matériel sans aucune des caractéristiques guerrières que l'on trouve durant l'ère du Bélier.

L'ère des Poissons, souvent appelée ère chrétienne avec les messages de Jésus et de Mahomet, apporte un certain mysticisme, un certain idéalisme mais encore teinté des réactions belliqueuses du Bélier : on impose par la force ce que l'on croit être juste.

A. Pajault écrit : *La bonté marque profondément ce signe des Poissons, elle peut être poussée loin mais souvent mélangée d'orgueil, aimant à obliger ses semblables. La générosité est un moyen de s'imposer. Dans cette psychologie des Poissons, il y a un besoin, une avidité de perfection, mais son esprit est exclusif, intolérant, d'où des luttes intérieures, des cas de conscience et un élément important dans cette dialectique : le sentiment de culpabilité et l'apologie du sacrifice considéré comme un déchirement.*

Dans le signe du Verseau : *Le mysticisme des Poissons (signe d'eau) se retrouve ici, mais beaucoup plus éthéré (signe d'air), beaucoup plus allégé, sans aucun besoin ni de dominer ni de s'imposer. C'est l'échange direct, d'être à être, dans un besoin de fraternité et dans un regroupement pour un même but.*

Le symbole astrologique du Verseau, une double sinusoïde, nous annonce la mécanique vibratoire et la connaissance générale d'une origine vibratoire de tout l'Univers. Et ne sommes-nous pas, depuis quelques années, dans l'ère de communication par les ondes ?

Durant les trois ères zodiacales précédentes, les enseignements étaient de deux sortes : le peuple recevait l'enseignement éxotérique, souvent teinté de superstition. Seuls, les Initiés recevaient l'enseignement ésotérique. Les connaissances des lois de l'Univers peuvent être utilisées pour le bien ou pour le mal. Il était donc nécessaire de s'assurer des qualités morales de l'individu avant de les lui transmettre. On sait qu'il n'en fait et qu'il n'en a pas toujours fait bon usage.

Cependant, à l'heure actuelle, les détenteurs de ces enseignements ressentent la nécessité de les transmettre au plus grand nombre et l'on a, avec la facilité de communication actuelle, la possibilité de comparer les différentes Traditions et de s'étonner ou de s'émerveiller de leurs similitudes.

Pour ceux qui admettent la théorie de la réincarnation, il y a une autre explication - nullement contradictoire mais complémentaire - à cet attrait croissant pour la spiritualité. Nous savons que l'âme choisit de revenir sur Terre dans un but précis et qu'elle ne revient pas isolée mais en groupe. Les âmes reviennent ensemble pour continuer le travail qu'elles ont commencé à une autre époque et qu'elles n'ont pas terminé. Dans notre monde de haute technologie, beaucoup d'anciennes âmes atlantes seraient en train de se réincarner. Nous savons qu'à l'époque de l'Atlantide, les hommes possédaient une haute technologie. Certains l'ont mal utilisée. Nous en connaissons le résultat.

Nous nous trouvons actuellement dans la même situation. Le développement de la technologie est une bonne chose à condition qu'il n'entraîne pas un asservissement de l'homme et ne lui fasse pas oublier l'ordre naturel du Cosmos.

C'est ce que nous sommes en train de vivre. Sous prétexte de progrès, l'homme oublie les plus élémentaires lois de la Nature et il s'étonne que la Terre réagisse. Notre planète est malade. Nous l'avons maltraitée. Mais son avenir n'est pas encore perdu. Nous n'arrivons pas à la fin du monde comme certains l'affirment : seulement à une période de grands changements. Il y a encore une alternative possible : l'avenir se trouve entre nos mains.

Si l'humanité continue dans la dynamique de ces dernières décennies, nous pourront nous attendre à d'immenses catastrophes. Les prophéties des anciens mayas disent que, à cette époque, les chefs d'Etat peuvent perdre la tête et *faire sortir la chaleur emmagasinée dans de grands réceptacles.* Nous avons tous reconnu le danger atomique.

Ces mêmes prophéties disent toutefois que ce n'est pas inéluctable. C'est pourquoi beaucoup d'Initiés, beaucoup de «vieilles» âmes reviennent actuellement sur Terre pour nous aider à retrouver la CONNAISSANCE oubliée : celle des LOIS de l'UNIVERS.

La physique moderne nous a appris que tout est vibration, que rien n'est séparé dans l'Univers. N'attendons pas que notre voisin change. Changeons-nous nous-mêmes et notre voisin changera automatiquement. Lorsque nous élevons notre fréquence vibratoire, celle du lieu où nous nous trouvons s'élève obligatoirement et celle des personnes qui le fréquentent se modifie aussi.

Au sens biblique, CONNAITRE veut dire FAIRE UN AVEC. Si nous désirons sauver notre planète, et l'humanité avec elle, il y a urgence du RETOUR A L'UNITÉ :

UNITÉ en nous-mêmes,
UNITÉ avec l'autre,
UNITÉ avec la nature,
UNITÉ avec le Cosmos...

Nous devons retrouver la conscience de notre Origine Divine. Tout nous y pousse : notre mémoire cellulaire, l'Inconscient collectif et le retour de nombreuses âmes qui «savent».

La mémoire de ces âmes est plus éveillée que celle de la majorité d'entre nous. Elles reviennent nous rappeler ce qui est inscrit depuis la nuit des temps dans la moindre de nos cellules : notre Origine Divine.

Croyez-vous qu'il y ait du hasard lorsque vous voyez que celle qui écrit ces lignes a choisi de s'incarner dans une famille au patronyme peu commun qui se prononce DU UN ?

NOUS PROVENONS TOUS DU UN
NOUS ASPIRONS TOUS VERS L'UN

Nous sommes tous sur le Chemin qui nous y ramène. La démarche est universelle, même si elle semble parfois diverger. Mais, quel que soit le sentier emprunté, le raisonnement ne suffit pas. La RE-CONNAISSANCE de l'UN ne peut être qu'intuitive... et ne se trouvera que par la Voie du Coeur...

LA VOIE DE L'AMOUR...

Comme le dit Sathya Sai Baba : *Les poteaux indicateurs que sont les livres vous indiquent seulement la route ou la direction de votre destination.*

Barrettali, juillet-août 1995

# ÉPILOGUE

Nous voici maintenant arrivés en juin 1996 et avant de refermer ce livre, le lecteur aimerait sans doute savoir ce qu'il est advenu de ma vie durant ces derniers mois. Mes problèmes sont-ils maintenant tous résolus ? Ai-je réussi à complètement lâcher prise ? Car il est plus facile de dire ou d'écrire *Je lâche prise* que de le faire réellement. La résistance au changement est quelque chose de très insidieux qu'il faut, chaque jour, débusquer. C'est un ennemi sournois que l'on doit, sans arrêt, traquer et dont les ruses sont habiles.

On s'en souvient, j'ai donc fini d'écrire, l'été dernier, dans cette belle île de Corse et, de retour sur le Continent, la vie reprit son cours. J'ai relu et corrigé mon «tapuscrit», mot horrible dont est affublé, dans le jargon professionnel, toute oeuvre tapée à la machine. Manuscrit... Il y avait, en ce mot, une part de rêve amenant à imaginer les longues heures que l'auteur avait dû passer devant sa table et la crampe qu'elles avaient pu occasionner. «Tapuscrit» a un côté dur qui ne me plaît guère. Et maintenant que les écrivains confient leurs états d'âme à l'ordinateur, quel nouveau mot va-t-il falloir encore inventer ? Mais là n'est pas vraiment l'objet de notre réflexion.

Donc, j'avais quitté la Corse, assez fière de moi et de mon oeuvre. Mes enfants allaient enfin arrêter de penser que ce livre dont on parlait depuis des années ne verrait jamais le jour. Je le voyais édité pour la fin de l'année mais c'était justement sans compter sur ma résistance au changement.

J'avais donc dit, écrit et répété dans tous les sens : *Je lâche prise... Je lâche prise...* J'osais même dire, tout doucement : *J'accepte totalement tout ce que l'Univers désire m'envoyer.* Et, évidemment, sans m'en rendre compte, je pensais que l'Univers ne m'enverrait que ce que je désirais recevoir, et rien de plus. Ce qu'il fit, bien sûr, mais, pour une fois, je manquais totalement d'imagination.

Seulement voilà, l'Univers est, Lui, plein d'imagination et il m'envoya beaucoup plus. J'avais osé écrire que *j'étais médium.* Seulement, j'avais accepté une médiumnité qui m'arrangeait, ou plutôt qui ne me dérangeait pas. Sentir des parfums, voir un Arc-en-Ciel, « «ressentir» le diagnostic des malades qui m'approchaient ne me déplaisait pas et j'étais très contente de n'avoir aucun don de divination. Les cartes ne m'intéressaient pas et bien que fascinée par les dons de voyance de certains, je ne les avais jamais enviés. Ce «don» me paraissait entraîner une telle responsabilité que j'étais contente de ne pas être obligée de l'assumer.

Quand, le 19 octobre 1995, j'ai cru que le Ciel - pour ne pas dire l'Univers - me tombait sur la tête. Réveillée en pleine nuit, avec cette phrase qui s'imposait, sans arrêt, dans ma tête : *Lève-toi, Il veut te parler... Lève-toi, Il veut te parler...* Jusqu'à ce que je m'exécute. Et c'est ainsi que, sans l'avoir désiré, sans l'avoir cherché, il m'est arrivé la chose la plus extraordinaire à laquelle je n'avais jamais rêvé :

Je suis devenue SECRÉTAIRE des ANGES.

Depuis cette date, je suis, quel que soit l'endroit où je me trouve, réveillée, chaque nuit et obligée d'obéir à des Maîtres, aimants, certes, mais exigeants et autoritaires. Ils me dictent des messages concernant l'avenir de l'humanité, du travail a faire sur soi-même. Ce sont aussi des messages pour mes proches ou à transmettre à ceux qui manifestent le désir d'être aidés dans leur cheminement évolutif.

Mais ceci est une autre histoire que je vous raconterai un autre jour...

Mers-sur-Indre
le 3 juin 1996.

# BIBLIOGRAPHIE

## INTRODUCTION

G. FARCET, L'Homme se lève à l'Ouest (Albin Michel)

## PREMIÈRE PARTIE

### CHAPITRE 1

BELLINE, La Troisième Oreille (Laffont)
M. DELCLOS, L'Oeil et l'Epingle (Rocher)
D. DERLICH, Un Médium parmi nous (Carrière)
Intuitions (Hachette)
J.-P. DESMOND et P. GOULENE
Enquête chez les voyants (A. Moreau)
J. et A. DESSUART, La Voyance (P.U.F.)
DESSUART, Comment développer vos dons de voyance (Tchou)
Y. DIDIER, Leur vrai destin (Lattès)
M. GALIEU, Les Mystères de la Voyance (Filipacchi)
G. GASSIOT-TALABOT
Yaguel Didier ou la Mémoire du Futur (Laffont)
J. LANDREAUX-VALABREGUE, La Médiumnité (Laffont)
F. LAPLANTINE, Un Voyant dans la Ville (Payot)
Mme LEONIE, Ce Don extraordinaire (Grancher)
M. MARCILLAC, La Voyance moderne (Solar)
C. MOREL, Le Guide du Tarot (Bussière)
S. OSTRANDER et L. SCHROEDER
Fantastiques Facultés du Cerveau (Laffont)
R. REANT et A. SOTTO, Pouvoirs étranges d'un Clairvoyant (Tchou)
R. REANT, Pratiquez la Parapsychologie (Rocher)
A. ROUX, La Science et les Pouvoirs Psychiques de l'Homme (Tchou)
M. DE SABATO, Confidences d'un Voyant (Grancher)
Les Manipulateurs du Destin (Grancher)
B. SAHLI, Un grand Voyant raconte (Fauval)
S. DE TERVAGNE, Le Livre d'Or de la Voyance (Garancière)
Les Hommes politiques et leur Voyante (Grancher)

### CHAPITRE 2

H. BOUVIER, Entre les Mains de Dieu (F. de Villac)
H. BREINDL, Hildegarde de Bingen (Dangles)
F. BRUNE, Les Morts nous parlent (Félin)

J.-F. CROLARD, Renaître après la Mort (Laffont)
C. DOYLE, Histoire du Spiritisme (Rocher)
A. KARDEC, Le Livre des Esprits (Dervy)
E. KUBBLER-ROSS,
La Mort est un nouveau Soleil (Age du Verseau)
La Mort et les Mourants (Age du Verseau)
La Mort, Porte de la Vie (Age du Verseau)
L'Enfant et la Mort (Age du Verseau)
DE LAFFOREST, Présence des Invisibles (J'ai Lu)
J. LANDREAUX-VALABREGUE, Le Grand Choix (Laffont)
A.-M. LIONNET, Isabelle, une Lumière dans la Nuit (Rocher)
Lumières de l'Au-Delà (Rocher)
A.-M. LIONNET - J.-P. SERMONTE
Rencontres avec les Anges (Rocher)
G. MALLASZ, Dialogues avec l'Ange (Aubier)
A.-S. MERCIER, La Mort transfigurée (Age du Verseau)
P. MISRAKI, Expériences de l'Après-Vie (Laffont)
Dr MOODY, La Vie après la Vie (Laffont)
Lumières nouvelles sur la Vie après la Vie (Laffont)
Rencontres (Laffont)
D. PEREIRA-FRANCO, Sauvée de la folie (Vivez Soleil)
J. PRIEUR, Les Visiteurs de l'Au-Delà (Lanore)
Swedenborg (Lanore)
Le Livre des Morts occidentaux (Lanore)
R. REANT, La Parapsychologie et l'Invisible (Rocher)
H. RENARD, L'Après-Vie (P. Lebeau)
T. RILK, Le Spiritisme (de Vecchi)
G. RITCHIE, Retour de l'Au-Delà (Laffont)
L. SARDOS-ALBERTINI, L'Au-Delà existe (Filipacchi)
J.-P. SERMONTE, La Fiancée des Cieux (Rocher)
M. SIMONNET, Images et Messages de l'Au-Delà (Age du Verseau)
SOGYAL RIMPOCHÉ
Le Livre Tibétain de la Vie et de la Mort (Table Ronde)
A. SOTTO - V. OBERTO
Au-delà de la Mort (Presse de la Renaissance)

CHAPITRES 3 et 4

E. BACH, La Guérison par les Fleurs (Courrier du Livre)
E. ACEDO, Mémoires d'une Sorcière berrichonne (Trigramme)
M. BAMY, Fleur d'Amour (Madly Bamy)
Dom BERNARDIN, Invocation des Saints (Diffusion Scientifique)
A. BESANT, L'Homme et ses Corps (Adyar)
B.-A. BRENNAN, Le Pouvoir bénéfique des Mains (Tchou)
D. BRIEZ, La Science des Chakras (de Mortagne)
W.-E. BUTLER, Introduction à la Télépathie (Desforges)

M. et S. CLAIRAC, Les Forces du Destin (Rocher)
D. COQUELLE, Chakras (Trajectoire)
J.-L. CROZIER - J. MANDORLA, ABC de la Radiesthésie (Grancher)
J. FONTAINE, Médecins des trois Corps (Laffont)
La Médecine du Corps énergétique (Laffont)
Nos trois Corps et nos trois Mondes (Laffont)
Notre quatrième Dimension (Laffont)
La Médecine des Chakras (Laffont)
J. FULLER, Arigo, le Chirurgien du Miracle (Belfond)
G. HOLLEY, Comprendre votre Horoscope (Rocher)
B. HUTTON, Il nous guérit avec ses Mains (Amrita)
Abbé JULIO, Prières Merveilleuses (Bussière)
A. KARDEC, Le Livre des Médiums (Dervy)
G. LANCTOT, La Mafia médicale (Voici la clef)
M. LEBRUN, Médecins du Ciel, Médecins de la Terre (Laffont)
B. MANASSE, Rituels de Magie blanche (Diffusion scientifique)
J. MANDORLA, ABC du Magnétisme (Grancher)
A. et D. MEUROIS-GIVAUDAN
Récits d'un Voyageur de l'Astral (Amrita)
S. OSTRANDER et L. SCHROEDER
Nouvelles Recherches sur les Phénomènes Psi (Laffont)
J.-M. PEDRAZZANI
Le Mystérieux Sixième Sens des animaux (Belfond)
F. POTCHKA, Toute la Kinésiologie (Souffle d'Or)
A.-E. POWEL, Le Corps Astral (Adyar)
Le Corps Mental (Adyar)
Le Corps Causal (Adyar)
L. RAMPA, Les Secrets de l'Aura (J'ai Lu)
S. SHARAMON et B.-J. BAJINSKI, Manuel des Chakras (Entrelacs)
D. V. TANSLEY
La Radionique et l'Anatomie subtile de l'Homme (Trédaniel)
H. THURSTON
Les Phénomènes physiques du Mysticisme (Rocher)
O. WIRTH, L'Imposition des Mains (Trédaniel)
B. WOESTELANDT, De l'Homme-Cancer à l'Homme-Dieu (Dervy)
Editions FRANCE-LOISIRS, Les Guérisons miraculeuses

CHAPITRE 5

Dr R. ABREZOL, Vaincre par la Sophrologie (Vivez Soleil)
Réussir par la Sophrologie (Vivez Soleil)
Sophrologie et Evolution (Le Signal)
J.-D. FERMIER, ABC de la Numérologie (Grancher)
J. GRIMBERG-ZYLBERBAUM
Rencontre avec des Chamans du Mexique (Le Mail)
J.-P. HUBERT, Traité de Sophrologie (Courrier du Livre)

C.-G. JUNG, Synchronicité et Paracelsica (A. Michel)
J. LANDREAUX-VALABREGUE, Le Grand Choix (Laffont)
K.-O. SCHMIDT, Le Hasard n'existe pas (Astra)
V. SKAVINSKA, Rendez-vous sorcier avec Castaneda (Denoël)
A. de SOUZENELLE, Le Symbolisme du Corps humain (Dangles)

CHAPITRE 6

A. BERNSTEIN, A la Recherche de Bridey Murphy (J'ai Lu)
F. CAPRA, Le Tao de la Physique (Tchou)
G. CERMINARA, De nombreuses Demeures (Adyar)
De nombreuses Vies, de nombreuses Amours (Adyar)
D. DESJARDINS, La Mémoire des Vies antérieures (Table Ronde)
P. DROUOT, Des Vies antérieures aux Vies futures (Rocher)
Nous sommes tous immortels (Rocher)
E. FIORE, Nous avons tous déjà vécu (Laffont)
N. LANGLEY, Edgar Cayce et la Réincarnation (de Mortagne)
A. et D. MEUROIS-GIVAUDAN, Les Neuf Marches (Amrita)
J. MORRANIER, Vers l'Unité (Lanore)
L'Univers spirituel (Lanore)
L. RAMPA, Le Troisième OEil (J'ai Lu)
J.-L. SIEMENS, La Réincarnation (Retz)
I. STEVENSON, Vingt cas suggérant la Réincarnation (Tchou)
H. WAMBACH, Revivre le Passé (Laffont)

CHAPITRE 7

J. FAVRET-SAADAS et J. COUTIERAS
Corps pour corps (Gallimard)
J. FAVRET-SAADAS, Les Mots, la Mort, les Sorts (Gallimard)
P. ALFONSI et P. PESNOT, L'Oeil du Sorcier (Laffont)
LEADBEATER et A. BESANT, Les Formes-Pensées (Adyar)
H. MURPHET, Sai Baba, l'Homme des Miracles (Amrita)
R. MOSS, Le Papillon noir (Le Souffle d'Or)
Unifier (Le Souffle d'Or)
Dr J. MURPHY, La Puissance de votre Subconscient (Le Jour)
L'Energie Cosmique (Dangles)
La Dynamique du Bonheur (Dangles)
O. PEGASO, Magie et Sorcellerie (de Vecchi)
B. SIEGEL, L'Amour, la Médecine et les Miracles (Laffont)

DEUXIÈME PARTIE

INTRODUCTION

E. HAICH, Initiation (Le Signal)
A. JODOROWSKI, La Tricherie sacrée (Dervy)
Le Théâtre de la Guérison (A. Michel)
F. LIONEL, Le Message sacré de Pythagore (Trédaniel)

CHAPITRES 1 à 5

M.-O. AIVANHOV, La Prière (Prosveta)
A. BARBAULT, Introduction à l'Astrologie (A. Michel)
E. BERNE, Que dites-vous après avoir dit Bonjour ? (Tchou)
H.-P. BLAVATSKY et W.-Q. JUDGE
Les Rêves et l'Eveil intérieur (Textes Théosophiques)
L. BOURBEAU, Ecoute ton corps (ETC)
Qui es-tu ? (ETC)
E. CADDY, La Petite Voix (Le Souffle d'Or)
M. COUPAL, Le Rêve et ses Symboles (de Mortagne)
A. DESJARDINS, Pour une Vie réussie (Table Ronde)
L. HAY, Transformez votre Vie (Vivez Soleil)
G. JAMPOLSKY, Aimer, c'est se libérer de la Peur (Vivez Soleil)
Donner, c'est Recevoir (Vivez Soleil)
J. LANDREAUX-VALABREGUE
Changer ses nuits, changer sa vie (A. Brethe)
R. de LASSUS, L'Analyse Transactionnelle (Marabout)
R. RECH, Moine zen en Occident (A. Michel)
J. de la ROCHETERIE, La Symbologie des Rêves (Imago)
L. TANGUAY, Les Rêves (de Mortagne)
S. WHITE, Astrologie Chinoise (Tchou)
M. WILLIAMSON, Retour à l'Amour (Amrita)
P. RABANE, Trajectoire (M. Lafon)

CHAPITRE 6

HAZIEL, Le Grand Livre des Evocations et des Invocations (Bussière)
M. HOD, Le Grand Livre des Anges (Trajectoire)
P. JOVANOVIC
Enquête sur l'Existence des Anges Gardiens (Filipacchi)
LEADBEATER, Les Aides Invisibles (Adyar)
G. MALLASZ, Dialogues avec l'Ange (Aubier)
P. MONNET, Contacts d'Outre-Espace (Amrita)
J.-P. PETIT, Enquête sur l'existence des O.V.N.I. (A. Michel)
Enquête sur l'existence des extraterrestres
qui sont déjà parmi nous (J'ai Lu)

CHAPITRE 7

A. BAILEY, Le Traité des Sept Rayons (Lucis Trust)
J. EASTCOT
Les Sept Energies Cosmiques dans l'Homme (Le Hierarch)
Dr A. PAJAULT
Rythme des ères zodiacales et évolution des civilisations occidentales
J. SPINETTA, Initiation dans l'ère du Verseau (Saint-Michel)
B. WOESTELANDT, Frères et Médecins du Christ (Dervy)

TABLE DES MATIÈRES

Photogravure : Laserphot - 36000 Châteauroux
Impression : Sodimass - 36800 Chabenet